牛津学科论文写作书系

丛书编委会

孙　华　　李轶男
金　立　　赵思渊
朱静宇　　江　棘
郑伟平　　杨　果

（排名不分先后）

孙　华	北京大学教授，北京大学"学术写作与表达"通识核心课主持人
李轶男	清华大学副教授，清华大学写作与沟通教学中心主任
金　立	浙江大学哲学学院教授，浙江大学中文写作教学研究中心执行主任
赵思渊	上海交通大学人文学院教授，上海交通大学学术写作与规范课程负责人
朱静宇	同济大学人文学院教授、博士生导师，同济大学人文学院教学院长
江　棘	中国人民大学教授，中国人民大学写作与表达中心执行主任
郑伟平	厦门大学哲学系教授、博士生导师，厦门大学写作教学中心课程组组长
杨　果	南方科技大学教授，南方科技大学人文中心写作与交流教研室主任

工程学写作指南

WRITING IN ENGINEERING
A Brief Guide

[加] 罗伯特·艾里什 著
Robert Irish

曹柳星 马靓 译

中国出版集团有限公司
研究出版社

图书在版编目（CIP）数据

工程学写作指南 /（加）罗伯特·艾里什著；曹柳星，马靓译. -- 北京：研究出版社，2025.5. -- ISBN 978-7-5199-1885-9

Ⅰ.TB-62

中国国家版本馆 CIP 数据核字第 2025U1J446 号

WRITING IN ENGINEERING: A BRIEF GUIDE by Robert Irish
Copyright © 2015 by Oxford University Press
WRITING IN ENGINEERING:A BRIEF GUIDE was originally published in English in 2015.This translation is published by arrangement with Oxford University Press. EAST BABEL (BEIJING) CULTURE MEDIA CO., LTD. is solely responsible for this translation from the original work and Oxford University Press shall have no liability for any errors, omissions or inaccuracies or ambiguities in such translation or for any losses caused by reliance thereon.
ALL RIGHTS RESERVED

出 品 人：陈建军
出版统筹：丁　波
责任编辑：戴云波

工程学写作指南

GONGCHENGXUE XIEZUO ZHINAN

［加］罗伯特·艾里什　著　曹柳星　马靓　译

研究出版社出版发行

（100006　北京市东城区灯市口大街 100 号华腾商务楼）
天津鸿景印刷有限公司　新华书店经销
2025 年 9 月第 1 版　2025 年 9 月第 1 次印刷
开本：880 毫米 × 1230 毫米　1/32　印张：9.5
字数：212 千字
ISBN 978-7-5199-1885-9　定价：78.00 元
电话（010）64217619　64217652（发行部）

版权所有·侵权必究
凡购买本社图书，如有印刷质量问题，我社负责调换。

中文版总序

孙华，北京大学教授，"学术写作与表达"课程负责人

    从 2019 年筹备北京大学写作中心，到持续 10 个学期建设北大通识核心课程"学术写作与表达"，我和不同学科专业的老师一直在讨论如何更好地建设学术写作课，为学生提供可持续发展的学术写作之路。我们这门课是通过学术规范、论文结构、文献检索、语法修辞、逻辑思维和高效表达的内容，提升学生的学术写作素养和表达能力，为学生打下一个学术写作的基础。然而，随着进入高年级的专业学习，学生需要更精准的指导，这要求学术写作课要从通用技巧深入到学科特性，为学生提供专业论文、实验报告等的学术写作支持。

    牛津大学出版社策划出版的这个"牛津学科论文写作"系列丛书，汇聚了各学科具有代表性的学者，针对不同学科的写作规

范、语言风格、文献引用等方面的不同特点，帮助大学生和研究生提升学术写作的水平。翻译出版"牛津学科论文写作"丛书，一方面是克服语言障碍，让更多的中国学生受益，更好地了解国际学术标准和话语体系，另一方面是解决了目前高校的写作课程大多为通识课程，特别需要针对高年级学生不同学科的特点进行细分学术写作指导这个问题。三是每一册皆以精准的学科视角拆解写作规范，辅以实例与策略，将庞杂的学术传统凝练为可操作的指南。这有利于部分缺乏专业写作教学培训的老师在课堂上更好地进行学术指导；同时也扩大了自适应学习的资源，学生可以通过这些高质量的教材找到更适合自己学科的写作材料、范例等。

这个系列涵盖哲学、历史、社会学、政治学、人类学、工程学、生理学、护理学、音乐学等学科，也是由国内各领域知名学者承担翻译，保证了丛书中译本的权威性，助力同学们在专业学习中更从容地应对各种学术挑战，更顺利地走上学术研究之路。

英文版总序

主编 托马斯·迪恩斯（Thomas Deans）

米娅·波（Mya Poe）

虽然现在许多高校院系的各类学科都开设了写作强化课程，但很少有书籍能精准满足各门课程的确切需求。本书系致力于这一任务。以简洁、直接、实用的方式，"牛津学科论文写作"书系（*Brief Guides to Writing in the Disciplines*）为不同学科领域——从生物学和工程学，再到音乐学和政治学——的学习者提供经过实践检验的课程以及必要的写作资源。

本书系由富有教学经验的各学科专家撰写，向学生们介绍其所在学科的写作规范。这些规范在该专业的内行人看来是显而易见的常识，但对于刚进入这个学科学习或研究的新人来说可能是模糊不清的。故而，每本书都提出了关键的写作策略，配有清晰的说明和示例，预判学生们易犯的常见错误，并且点明老师在批改学生论文作业时的扣分点。

对于更擅长授课而非写作的教师，这些书可以充当便捷的教案，帮助他们讲授什么是好的学术写作，以及如何写出好的论文。大多数老师通过反复试错来锻炼自己的写作能力，经过了多年的积累，但要将自己思考和写作的经验传授给学生还是有点不得其法。"牛津学科论文写作"书系简明扼要地呈现了所有学科的写作共通的核心素养和各个学科的独特方法。

这个综合性的书系不仅对于写作强化课程极有价值，对于进入高级课程的学生、读研的学生和踏上职业道路的学生，也有指津的作用。

前言

本书揭示了成功工程师对于沟通的核心逻辑的思考，为工程专业的学生提供了专业沟通所需的基本工具。事实上，如果学生们能够理解推动写作的思维逻辑，他们不仅有可能更好地掌握相关教程，而且还能够成为更加适应工程领域多变需求的写作者。

接下来的章节涵盖了工程专业的学生和在职工程师在撰写设计报告、文献综述、实验报告、海报、用例场景、代码注释和技术说明等类型的文档时需要了解的内容。同样重要的是，这些章节提供了与适用于所有工程学写作文体的风格、规范、视觉呈现和源文档相关的具有可操作性的建议。该书从写作**目的**、**读者**和**论证**的核心原则展开，最终又回归这些核心原则。每个章节均紧密结合对写作目的、读者和论证的策略性思考，提供了易于理解的实用教程。

这本书始终从工程专业学生的角度来撰写。如果他们要成为出色的沟通者,他们必须重新调整在其他地方学到的很多写作习惯,并熟练掌握一套新的写作技能。这本书的每个章节都对关键的写作策略进行了清晰阐释,并辅以案例进行直观呈现,因此也对研究生、在职工程师以及母语不是英语的人非常有帮助。

像大多数参考书一样,阅读本书时并不需要逐字逐句通篇阅读——当然,读者一定可以通过从头到尾阅读本书受益。本书开篇的几个章节概述了工程领域写作的背景和目的,解释了成功的工程师通常是如何考虑读者和论证的——这些观点有时是明确的,更常是含蓄的,并重点介绍了创建和使用视觉元素的基本策略。这些章节既适用于一般工程领域的介绍性写作,也适用于那些需要大量独立或合作写作的特定工程领域的课程和实验。之后,学生读者们可以基于作业、设计项目和实习的需要,查阅特定文体的工程学写作的相应章节。最后两章介绍了关于建立写作风格和标注文献来源的内容,显然,对于每个希望获得读者喜爱和信任的写作者,这两章的内容都是不可或缺的。

CONTENTS 目录

中文版总序   1
英文版总序   3
前　言   5

第一章
定义工程学写作的目的与读者   001

工程师们为什么写作   002
工程学写作能做什么   004
    用于分析的写作   007
    用于建议或提案的写作   008
    用于控制的写作   009
读者如何影响写作的目的   011
    了解读者想要什么   013

对读者进行概念化	014
将我们的读者和写作目的结合起来	020

第二章
构建工程论证　　023

工程论证的"五个公理"	025
任何主张都不是天然成立的	026
为主张找到依据	027
做出主张	028
提供理由和证据	028
在结论之前添加限制	029
关注可能的反面主张	030
总结：主张的所有组成部分	030
主张先行的论证最有力	031
什么情况下适合总结性论证	032
让主张先行变得自然	035
对数据的阐释比分析更有价值	035
逻辑虽好，但不能独善其身	038
为 Ethos 投资	040
负责任地使用情绪	042
理性、情感、信任	043
遵循常见模式的论证比结构独特的论证更有说服力	044
问题−解决方案	047
比较和对照	050

成因-效果 053
　　定义和描述 054
　　使用这些模式来考虑问题 057
分析一位工程师的论证 058
　　搜集论证依据 059
　　建立主张 060
　　用理由和证据来支持主张 061
　　对论证做出限制 062
　　考虑反面主张 063
　　从例子中学习 063
将这五个公理运用在你的写作中 064

第三章
使用视觉元素进行报告的策略　065

将视觉元素与文档文本关联起来 068
利用人类视觉感知进行视觉元素设计 070
选择表格、图形还是示意图 074
表格：让数据可视化且有意义 074
　　有效表格的例子 077
图形和图表：让趋势和模式可视化 079
　　制作图形的四个注意事项 081
　　来自工业领域和学校的示例图 085
示意图：展现细节 088
　　设计图纸和概念草图的案例 089

III

建模输出和照片的案例 092
　制作视觉元素的启发式方法 094

第四章
撰写设计报告的策略 097

设计报告的逻辑结构 099
分阶段撰写设计报告 101
　阶段 0：定好标题以表明主题和解决方案 101
　阶段 1：撰写引言以帮助读者理解框架 103
　阶段 2：定义问题以为解决方案做准备 109
　阶段 3：定义需求 114
　阶段 4：描述设计以解释解决方案的细节 119
　阶段 5：评估设计或解决方案 120
　阶段 6：为下一步提出建议 124
　阶段 7：用执行摘要来收尾 125
关于撰写设计报告的最终建议 129

第五章
撰写实验报告、文献综述和海报的策略 131

撰写实验报告 132
　引入假设和理论 133
　解释方法 133
　呈现结果 135

讨论重要意义	135
实验报告中的结论	137
摘要：学术性的总结	137

比较实验报告和设计报告   141

文献综述   143
- 总结综合法   144
- "整合论证"法   147
- 将文献综述应用于参考设计   149

展示海报   150
- 吸引注意力   151
- 创建直观的阅读路径   151
- 准备社交媒体/摘要/故事版本   152
- 让内容模块化   152
- 最小化干扰   153

使用这些文体的最后思考   155

第六章

撰写专利检索、用例场景、代码注释和技术说明的策略   157

专利检索和专利申请   158
- 了解专利   160

用例场景   165

代码注释   168

技术说明   169

使用支持性的文体	171

第七章

开发可读性强的风格 173

建立强有力的段落	175
确保强有力的引子	178
保持聚焦	179
实现优美的排列	183
整合段落	191
提升写作的流畅性	195
构建过渡	196
用并列连词将内容连接在一起	197
用从属连词建立从属关系	198
用连接副词建立复杂关系	202
用关联词平衡强调的内容	205
回顾"过渡"这一步	207
从已知到新知	214
让"从已知到新知"发挥作用	219
强化句子	220
使用主语-谓语-宾语的逻辑	220
提升动词	227
在写作中使用数学符号	234
发展你的写作风格	236

第八章

管理文献资源　　237

工程师如何进行引用　　240
像工程师一样在写作中精练和聚焦资源　　241
    如何进行总结概述　　241
    从总结概述到精练压缩　　243
创建引注和参考文献　　244
IEEE，一种编号式的文献引用系统　　245
    引　注　　246
    参考文献列表　　247
APA，一种写作者-日期式文献引用系统　　251
    引　注　　251
    参考文献列表　　252
确保信息的可追溯性　　254

致　谢　　257
附　录：制定写作和修改的流程　　259
注　释　　263
参考文献　　267
索　引　　271

第一章

定义工程学写作的目的与读者

DEFINING PURPOSE AND AUDIENCE IN ENGINEERING WRITING

1　这一章讨论了写作中的两个最关键的概念：目的（我们写作的理由）和读者（阅读我们作品的人）。在本章中，你将学会如何确定你的写作目的，并明白如何构建有效的读者概念。拥有明确的写作目的并理解读者能让每次写作都变得简单，所以这两个概念在刚开始写作时特别有帮助。因此，我们主要可以关注两个问题："为什么写？"和"为谁写？"。

工程师们为什么写作

让我们通过一个故事来进入讨论的场景。罗尼（Roni）自从获得土木工程学位后已经工作了两个月。他的主要工作是为一个新的风电场做布局图，直到一次现场检查改变了这个状态。他去现场进行检查，想确认工作都在正常进行，然而实际情况却并非如此。现在，他必须撰写他的第一份报告来说明情况。这份报告不仅会递交给工作完成得非常糟糕的承包商，还会提交给客户。当然，这份报告首先需要被罗尼的主管审阅。

罗尼列出了承包商需要解决的问题的清单，也提供了测量数据和照片以便更清晰有序地呈现信息。他急切地敲打着键盘完成了报告的初稿,尽管粗糙,但初稿已经能够点明问题所在。他按照所学的写作方式对报告进行了两次修订,首先是调整内容以形成清晰的结构,之后是检查他写的每个句子(当然也包括事实的真伪)。罗尼最后再读了一遍报告,深吸了一口气,然后把它发给了他的主管。一个小时后,主管来到罗尼的桌边,将做了一些红笔标记的报告递给罗尼。"至少不全是红色。"罗尼想。主管的反馈更加积极:"写得挺不错。我做了一些修订后已经把报告发给了客户。我猜承包商当然不会太高兴,不过他们也会收到这份报告的。"之后,罗尼被要求写更多的报告,包括回到风电场做小型现场检查的报告和其他的检查报告。在罗尼工作六个月后的评审中,主管给出的最引人注目的评论是:"有一个值得信赖的、能把写作工作做好的人,真好。"

罗尼的故事给我们提供了一条关键的经验:清晰的沟通可以建立信任。技术胜任力固然重要,但只有技术还**远远不够**。

工程师写作是为了完成任务,有时是非常重要的任务——甚至可以拯救生命、改变世界。工程师(和工程专业的学生)经常在高压下写作,一方面被严格的截止日期约束,另一方面需要提供和建立高质量的数据和模型。即使工程师们只需要撰写简短的邮件或会议记录,这些文字也需要为急切的读者传递他们所需要的关键内容。通常,工程师更喜欢用精确的数据来提供信息,而不是依靠文学化的散文式表达,有时候,一幅直观的图表可能胜过千言万语。大多数优秀的工程学写作都体现了上述倾向:保持严谨、聚焦和结构化。

工程学写作能做什么

尽管不同领域的工程师撰写的文档会有所不同,比如化学工程师会更多关注过程工艺,而电气工程师则更多地花时间在布线图上。但无论如何,理解工程学写作的核心目的是什么,都是非常有用的。

工程学写作是一种常见的沟通方式,它可能是只有三行的简短邮件,也可能是几个 G 的提案。无论文档的体量如何,工程师的写作一般有如下三种目的:

分析:分析写作主要评估想法、对象、行动或它们的效果。分析文档是工程工作的"重量级选手"。它们包括设计报告、实验报告、文献综述或专利检索、投标评估、计算、可行性或可用性研究以及代码注释。任何重要的设计、环境评估或分包项目交付都需要在工作开始时、进行中和结束时进行某种评估。

建议:提案和建议旨在促成事情的发生。它们可能在工程早期出现(如寻求资金),也可能是在设计结束时出现(如建议某种行动方案),或者在工程生命周期的后期出现(如建议补救措施)。

控制:规范可以控制工程问题的特定解决方案。它们严格定义工作内容,并展示最佳或适当的解决方案。这些文档通常是定量的,且极其精确。

当然,上述目的可能存在一定的重叠:大部分分析文档最后会导向某种建议，很多建议和提案不仅能够控制工程决策，也能够约束工程过程和进展。

实现这些目的不仅需要沟通能力，还需要掌握专业技术并理解每种特定的情况——只有工程师同时拥有这两方面的能力。因此，工程师可能会为混凝土桥中的钢筋编写规格书，撰写变电站内布线的检查报告，也可能为飞机尾翼的新设计提出建议。

只有一种类型的报告涵盖了这三种目的——设计报告。因此，设计报告在工程领域有特殊的地位。它具有较为成熟但也兼具灵活度的写作框架，这一框架遵循了工程过程展开的逻辑，如图 1.1 所示。

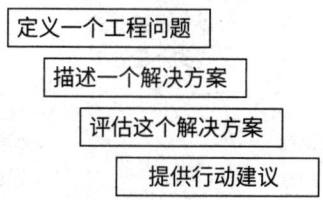

图 1.1　工程设计报告的"问题-解决方案"逻辑图

> 第四章逐一讨论了设计报告中每个元素的写作，希望能够帮助你完成工程设计报告以及所有需要引言、文献综述、分析和建议的文档。

这一结构首先定义了一系列需求，从而为解决方案确定验证标准，体现了知识上的严谨性。因此，对这一结构进行调整、裁剪和修改后，它可以适应更多工程文档的写作需求。

不同的设计课程可能讲授了不同的需求模型（requirement model），但不管怎样命名，如下四个方面都是设计者要努力达到的目标：在不违反由**指标**（**metrics**）确定的**约束**（**constraints**）的前提下，满足**标准**（**criteria**），从而达成**目标**（**objectives**）。图 1.2 呈现了这四个方面之间的关系。

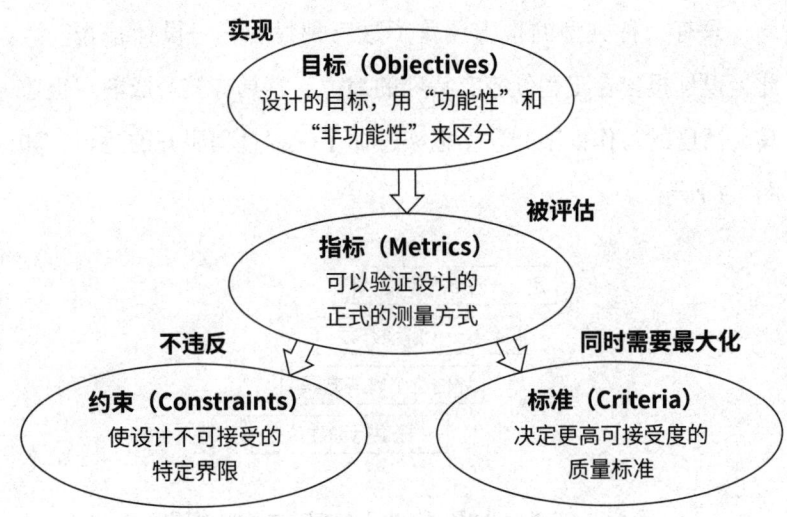

图 1.2　工程设计报告四个组成部分的基本需求模型图

考虑这个简单的例子：

一个设计的制造成本必须（即被要求）低于 100 美元。

这个声明是用约束的方式表达的（即不能违反的事项），但它也暗示了：

一个**目标**，可能是"负担能力"

一个以美元或欧元（$或€）计量的**指标**

一个制定评价**标准**的方式：成本越低越好

从环境到物理尺寸的其他要求也可以按照相似的方式拆解。无论对于新设计或旧设计，都可以问这样一个问题：设计是否满足需求？制定标准时，我们可以增加"有多好？"这一条。有时，标准不如成本那样方便测量和比较。例如，如果目标是"可回收性"，那么评价指标或许能以可回收材料的质量来表达。

或者，指标可能是基于纽约州当前的回收方式来计算回收成本。毕竟，按照质量来说，奥迪汽车是高度可回收的，但在许多地区，某些车辆部件的回收成本过于昂贵。

用于分析的写作

对工程师来说，分析是第二本能。在分析问题之前，你无法解决问题。同样，除非你分析了解决方案，否则你不知道问题是否已经解决。工程中的分析需要遵循一定的结构：实验报告的结构中应当包括方法和结果；设计报告的结构则由工程需求来定义。

分析性写作可以回顾以往的设计（常被称为"已有技术"[prior art] 或"参考设计"[reference design]，也可以展望新的想法和创新。表 1.1 对这两类分析性写作进行了区分。

表 1.1　区分两类分析性写作

分析已有设计或 已完成研究的文档	评估新观点、可能性或 未来情形的文档
● 设计报告	● 设计报告
● 实验报告	● 代码注释
● 文献综述	● 计算与投标评估
● 用例场景	● 可行性研究

需要注意的是设计报告在左右两栏都出现了，因为它确实比较灵活。

这很好理解，分析设计需求时，需要同时关注过往的工作和未来的设计。事实上，当你在实验报告中将结果与理论估计进行比较的时候，也是在进行"比对设计需求"这一分析性的工作。

因此，在进行分析性文档的写作时，很重要的工作就是确定用于分析的需求。只要确定好需求，很多分析性写作的工作就可以开展下去了。

在一些文档中，需求是隐含的，或未明确说明。例如，尽管未明确说明，但文献综述的评价标准与所综述文献的可信度和实用性密切相关。无论如何，评价的目的始终是相同的。

用于建议或提案的写作

招标书（Requests for Proposal, RFPs）、提案和建议报告的共

同重点是提出尚不存在的内容。你可以将这些看作一系列连续发生的过程：

一个想法或问题被呈现在：	在"问题-解决方案"逻辑中的对应阶段
招标书中，它定义了问题的需求和条款	描述情景并定义问题

这导向了：

提案，它给出了满足需求的解决方案	基于问题描述并评估解决方案

又被如下内容评估：

建议报告，它确认了解决方案可行（或不可行）	评估解决方案的后续步骤并建议下一步行动

其他类型的文档也可能出现在上述过程之中：进度报告、各种确认书、可行性研究等——这一系列的过程推动了设计从构思到实现的发展。正如上文右侧所描述的，建议性写作的每份文档都侧重于设计报告的逻辑的不同方面。与分析性写作一样，建议性写作也遵循着过程逻辑：定义问题、解决问题，并证明问题可以通过上述方案解决。特别的是，每一份建议性的文档都**建议**或要求进行特定的行动。

用于控制的写作

最后一组是用于控制的写作。其中最主要的是规格说明书，或被称为"规范"(spec)。规范编写是一项专业技能,很少交给新手工程师处理,也很少由学生承担。不过,学生的设计任务中也**需要**进行规定和控制,而且高年级的设计课程也可能需要学生阅读组件的规格说明书。例如,在软件设计中,设计团队需要定义设计需求,这就会导向设计创造软件时必须执行的"规范"。这样的文档经常以作业形式布置给学生,但在开放式设计的情形中(例如,我校高年级的"芯片上的实验室"课程),学生可能需要明确指定什么是需要完成的。规格说明书是一份详细的、往往精确到令人痛苦的文档,它界定了(即"指定")一个特定项目的确切需求。

在一些行业中,规格说明书大多由规范和标准决定,例如土木工程中的桥梁和结构规范或消费品的 UL 安全标准[①]等,而其他领域则拥有很大的灵活性(例如,应用程序开发)。无论哪种情况,规格说明书都是重要的,因为即使在较为灵活的应用程序设计中,若对需求的规格界定不够明确,也会使程序变得无法使用。无论规格说明书是否由外部的权威机构控制,工程师撰写相关文档的目的都是在特定的环境和情况下控制工作的进程,从而保证任务完成。

---

① UL 认证是美国保险商试验所(Underwriter Laboratories Inc.)的简写,UL 安全试验所是美国最有权威,也是世界上从事安全试验和鉴定的较大的民间机构。——译者注

读者如何影响写作的目的

理解前述的三个写作目的可以帮助我们理解我们的文档到底要做什么。我们的文稿对**读者**来说需要清晰且有意义。虽然学生通常是为教授或助教（TA）写作，但从一开始，学生就需要理解更广泛的读者群体——包括同事和客户、公众、政府和监管机构、其他专业人士以及承包商和分包商。这些读者中有些可能将英语作为第二语言（或第三语言）。工程师需要为所有这些群体甚至更多人撰写文档。

从学校过渡到工作中，一个根本性的变化发生了：**你成了那名专家**。与过往为专家写作并希望自己的工作足够好不同，现在你成了专家，读者是否能足够好地完成工作是取决于你的。这种专业身份的深刻变化对写作有两个主要影响：

1. 你的责任重大。你的工作影响了很多决策，因此你需要确保读者能够充分理解你的报告。即使读者在某一特定领域缺乏背景知识，你也需要确保他们理解。因为读者的决策可能影响从生命、生计到市场竞争力、可制造性的各个方面。

2. 行业内的读者比教授或助教更有可能快速浏览你的文档。你需要将你的工作结构化，使其易于读者导航，能够快速被理解且含义清晰明确。

表 1.2 列出了一些常见的文档类型并说明了文档类型的典型读者。这些文档类型覆盖了工程学写作的每个主要目的。

表 1.2　工程学写作的常见文体和读者

目的	常见文档类型	具体目标	典型读者
分析	设计报告	展示设计并评估设计是否符合需求	客户，工程师，投资者
	实验报告	评估实验结果（通常是在受控的实验室场景，但有时需要适应实地环境）	教授，助教，该领域的专家
	综述文章	评估某一领域的知识状况，通常会对未来工作提出建议	一般读者，该领域的专家
	投标评估	评估项目方案的质量（技术或经济层面）	客户，企业决策者
	计算	提供信息确保设计正确	工程师
	可行性研究	确定项目成功所需的关键因素	客户，工程师，政府
	可用性研究	基于人因标准或无障碍因素评估设计	设计师，技术支持
	代码注释	嵌入代码中以提供代码的设计信息	开发代码的工程师
	环境评估	根据政府规定的标准，说明批准（或不批准）某项目环境评估的理由	政府，客户，工程师，公众（包括反对组织）
建议	招标书	定义问题和设计工作的需求	工程师，设计师，融资人
	提案	提供问题的解决方案；可能是设计或分析解决方案	客户，政府，招标书发起方
	建议报告	提出可能或必须采取的方案（基于情景）	客户，政府，管理者

续　表

目的	常见文档类型	具体目标	典型读者
控制	规格说明书（规范）	定义特定工作的精确需求	承包商，设计师，供应商
	工作范围	定义需要完成的工作，通常包括阶段及时间表	承包商，客户
	技术说明	说明如何完成一套标准流程	技术人员，公众

了解读者想要什么

正如我们从表 1.2 的最右栏看到的，工程师必须面对具有截然不同的专业知识的广泛读者。为了恰当地理解这些读者，我们需要采取一些策略来构想读者，从而帮助我们清晰而聚焦地写作。

每个读者都会带着两个基本问题来审视一份文档：

- 内容：这份文档是关于什么的？
- 行动：我可以用这篇文档做什么？

作者的工作是尽可能高效、完整地回答上述"内容"和"行动"的问题。读者应当能够较为快速地知晓上述问题的答案，并在读完文档时因为上述问题得到解答而感到满意。

内容，毋庸置疑是我们写作的实质，是我们写作的主题。有些内容是我们希望读者以一种特定的方式去理解的，因此我们需要写文档。

12 行动则更加微妙。聚焦这个问题，我们可以从作者的角度来问：**我希望读者"做"什么？** 通常，我们可以用下面四个动词中的一个来回答这个问题。我们希望读者：

理解　接受　使用　做

这些动词接下来导向一个新的问题：我的读者需要什么才能{理解、接受、使用、做}？如果你不能想象读者会接受你的提案或依循你的建议行动，你就不会成功。你不需要在脑海中设想某位具体的读者形象，但你需要设定一项具体的行动来确保写作目标的实现。

例如，一位正在尝试申请一位优秀导师的暑研职位的学生，她想让导师**做**的事情就是——聘任她。基于这一点，她需要设想导师将如何做出决定，并确保她的电子邮件和申请书不仅能够让导师有充分的理由来给予她一次面试机会，也能够为她的就业能力铺垫良好的印象。她可以同时面向三四个不同的导师进行这项工作，但对每位导师，她都需要设想那位特定的导师基于她的沟通内容将会怎样去**做**。

对读者进行概念化

当我们试图构想一位读者时，我们面临着塑造和制约阅读的三个基本因素：

- 理解：我们是否提供了读者能够理解的恰当的信息？是什么限制了他们的理解？我们能提供什么帮助？

- 语境：是什么影响了他们的阅读？他们是在纸上阅读还是在屏幕上阅读？他们是在速览一封电子邮件还是在研究代码注释？他们是否在用另一种语言阅读？
- 接受程度：他们对阅读的态度是什么？我们需要如何影响这些态度？

这些元素之间的相互作用可以用图 1.3 中的维恩图呈现。

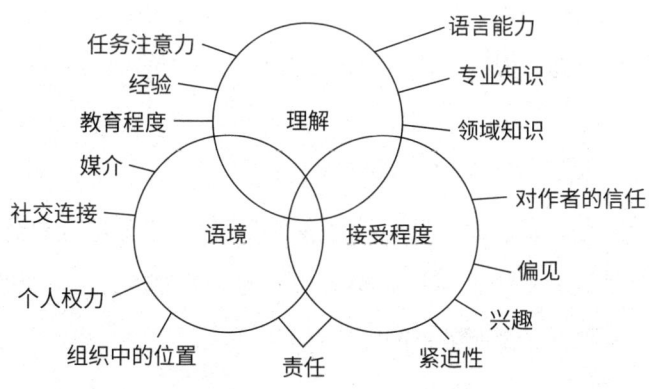

图 1.3　影响读者对文档反应的三个主要元素及其诱因

这些元素不仅影响读者使用文档的能力，也给我们提供了概念化读者的有效途径。显然，我们对读者了解得越透彻，我们的写作就越有针对性。尽管这很有挑战性，但对处于任何阶段的作者来说，设想读者都是必要的。幸运的是，有些策略是有助于我们想象读者的，在研究这些策略前，我们需要认识到概念化读者的三个障碍：

1. "先入为主"的问题：对读者的刻板印象或偏见会破坏成功的沟通。

2. "无所谓"综合征：有时候，我们自己都会认为学校里重复的实验报告、行业里枯燥的计算等文档是无关紧要的。这种态度往往会导致我们忽略所有读者，只关注技术细节。

3. "未知读者"难题：有时，通常是在行业中，我们面临着为我们从未见过且无法想象的客户写作的情形。

这些问题中的任何一个都很容易导致我们错误地判断读者的知识基础或他们想从文档中得到什么。

对读者进行概念化的策略

为了克服我们的偏见和无力感，我们可以有策略地概念化读者。分析读者的方法可以归类为如下的三类基本方法，如表1.3所示，每种方法都有各自的优缺点[1]：

表1.3 分析读者的方法的优势和不足

方法定义	优势	不足
归类法使用人口统计学信息（如：年龄、性别、教育程度）和心理特征（如：态度、价值观、人格特征）创建"目标读者"	这种方法对了解读者的需求和总体特征很有效	读者的想法可能适用于一般的读者群体，但是不适用于你所面对的具体情景

续表

方法定义	优势	不足
直觉法让作者在写作时虚构一位可见的读者,这位读者往往是和作者有一定关系的人	有较好的想象能力的作者能够在全文写作中适应读者的反应	这种方法完全依赖于作者准确想象读者的能力
调研法像测试软件一样要求真实的读者参与。试读的读者需要讲出他们在文档中需要什么,然后阅读文档的初稿,给出回应,文档在发放给更多读者之前会进行修订	这种方法在撰写和设计文档时,能够有效地提供读者的语境、理解和接受程度的相关信息。它能激发对读者丰富而高度完善的认知	这种方法通常不那么务实,除非是在文字是主要工作的写作密集型环境中

由于没有哪种方法是万无一失的,我们需要创造一种混合式的方法,来从上述三种方法中取长补短。不管是否有良好的直觉,每位作者都需要**想象**一个能够提供回应的读者。我们可以做一些初步的调研,以助我们将读者**归类**成一个我们理解的群体。我们可以向教授、助教或职场上级询问读者需要什么,以此来帮助我们获得对读者的直观理解。当我们完成了文章的初稿时,我们可以从朋友、同学或导师中挑选能够代表目标读者的人,将他们组成**试读读者群**。在概念化读者的过程中,很重要的一步是要跨越我们的偏见或无力感。

归类、想象和调研读者时可以关注的问题

有用的问题可以帮助我们了解读者的可能反应,或读者可能

想在文档中寻找什么。这些问题可以从我们的直觉中得到答案。我们也可以对目标读者做一些调研，甚至在某些情况下，可以直接向读者本人提问。

表 1.4 提供了十个有助于构建读者群体的问题。这些问题主要是为了对读者进行归类，但也能够让我们想象读者。为了避免臆测，你也可以向真正的读者提出这些问题。这些问题将依照影响读者反应的三个主要元素进行分组。

表 1.4 构建读者群体的十个问题

元素	策略性问题	适用于标准学校读者的答案	对你的写作可能产生的影响
理解	1. 读者的教育程度或过往经验是什么？ 2. 读者在阅读这篇文档时，会集中注意力还是分散注意力？ 3. 读者是否了解这个特定的学科或熟悉相近的学科？	1. 在这里一般是高等教育 2. 注意力集中，但受时间限制 3. 通常有学科专长，所以有特定的期望	● 让目标导向的读者更容易找到要点。相较于用 6 分钟批阅每份报告，用 30 分钟来批阅每份报告会要求助教投入更多精力 ● 为作业中关键的"待办事项"（to do's）制作一份清单
语境	4. 文档主题是否与读者的职责范围有关？ 5. 读者是自己做决定还是在一些限制下做决定？ 6. 读者是团队领导、团队成员还是有影响力的人？[1]	4. 是的 5. 受限于区分学生的需要 6. 团队成员或领导	● 注意作业和演示的细节 ● 避免细节上的错误（如拼写或计算错误），以免影响可信度

续 表

元素	策略性问题	适用于标准学校读者的答案	对你的写作可能产生的影响
接受程度	7. 读者阅读是出于内在兴趣还是外在动机？ 8. 读者需要这些信息吗？也就是说，他/她会怎么用这些信息？ 9. 读者是否认为作者是可靠的？ 10. 读者会对读到的内容做出什么行动？	7. 一般来讲，教授和助教希望能够教得好学生，并确认学生理解了讲授内容 8. 需要知道你是否了解了概念并且在合适的语境中使用 9. 会基于报告来评估可靠性 10. 需要给出分数	● 展示你的专业程度。提供更深层次的洞见和更聚焦的理解的学生会更出众 ● 通过调研来确定你是可靠的 ● 使用一个可预测的结构 ● 通过语法控制、适当的数据选择、将信息整合为复杂的概念以及使用专业的语气等因素来展示可信度

这些问题促使我们对特定的读者有更深的了解。理解相关的问题旨在克服我们对读者先入为主的认识，语境相关的问题告诉我们什么是重要的，接受程度相关的问题则促使我们考虑如何让读者关心我们的文档，尽管我们和读者并不相识。

通过问这些问题，我们可以了解读者大概会如何看待我们的文档——但要注意，读者可以被比喻成"移动的目标"。尽管我和助教们对这些答案进行了预先测试，但我们必须在写作过程中不断地对读者进行重新评估，因为写作目标会变化，读者也会更加深入地了解一份文档。如果我们是第二次面向某些读者写作（比如撰写一门课程的第二份作业），我们不应该依赖过去对这些问题的回答，而应该考虑新的情形会如何影响读者的阅读目的和他们对所读材料的态度。

将我们的读者和写作目的结合起来

我们还可以进一步分析写作目的和读者，但从这一章中，我们已经可以整理出对开始写作一篇文档并使其成功非常有帮助的四个启发式方法：

1. 根据你的目标来定义你的写作目的：
   - 分析
   - 建议
   - 控制

当你选择其中之一时，你就形成了写作的基本动力。

2. 确定四个动词中的哪一个驱动着你的目标读者：

理解　接受　使用　做

让这些帮助你确定你在文档中需要包括什么（即内容）和你期望读者做什么（即行动）。

3. 用十个问题来为你的读者归类并想象你的读者。在可能的情况下，对你的读者有真正的了解。如果你在完成学校的作业，就向助教或教授提出具体的问题。有些助教不喜欢学生问他们批阅文档过程的问题，所以试着把重点放在那些真正有帮助的问题上（比如问题 3 和问题 7），同时也要提问以了解助教对写作中较为重要的内容的态度和优先级（比如是遵循格式，还是体现逻辑深度）。

4. 写一份可以提前给别人读的初稿，可以是给读者中的一员，或是他们的合理代理人（比如同学、助教或写作中心助教[2]）。

第二章

构建工程论证

CONSTRUCTING ENGINEERING ARGUMENTS

这一章将介绍工程学写作中第三个重要的基础概念：论证。本章将为您介绍"五个公理"，来帮助您构建一个有力的工程论证。我们将通过细节展开介绍这五个公理。在本章的最后一小节，我们将会讨论一个钢铁制造业方面的、结构完善的论证，作为这一章的例子。

"论证"一词听起来可能不总是那么友好[①]。对很多人来说，这个词经常唤起人们脑海中一些不好的印象：提高的声调、涨红的脸、逐渐升温的争执。对另一些人而言，他们可能还记得巨蟒剧团名为《论证诊所》的经典小品。[1] 事实上，该小品中的一个角色迈克尔·帕林（Michael Palin）为"论证"下了一个定义，很好地阐述了这一概念：

> 论证是一系列连贯的陈述，旨在确立一个命题。

虽然这可能把我们引入一系列关于喜剧小品的离题讨论，但实际上它提供了一个有建设性的定义。我们仔细拆解一下这个定义：

[①] "论证"一词的英文是 argument，与"争吵"一词相同。——译者注

- "连贯的":论证需要用逻辑链条连接,以确保我们想表达的观点能够站得住脚。
- "一系列陈述":这里的"陈述"并不只是指文字陈述——表格、图表以及其他的可视化元素都算在内。我们要强调的是"一系列"或"一序列"的概念。
- "确立一个命题":这是论证的根本目标。我们希望读者能够意识到为什么该命题是好的,并且应当得到支持。

论证可以通过多种形式来完成,甚至是一些颇为激烈的方式。然而无论如何,完成一个好的论证的目的是确立一个观点——我们将称之为"主张"——是真实或可接受的。

工程论证的"五个公理"

接下来要介绍的五个公理是基础原则,我们借此以写出有力、清楚、令人信服的论证。这些公理都建立在"主张"之上,主张指的是我们声称为"真"的某种陈述或命题,是我们想要证明的观点。以下是这些公理:

1. 任何主张都不是天然成立的。
2. 主张先行的论证最有力。
3. 那些能够回答"所以呢?"的主张比那些仅能回答"是什么"的主张更有价值。
4. 逻辑虽好,但不能独善其身。

5. 遵循常见模式的论证比结构独特的论证更有说服力。

现在，我们逐一解析各个公理来帮助你理解，并将其付诸实践。

任何主张都不是天然成立的

在工程领域，**主张**并不会凭空出现。它们需要经过精心的构建，以确保其准确性、精确性和相关性。主张的构成包含六个可能的元素，它们之间的关系可以理解为一系列的反馈环路（图 2.1）。在电路结构中，反馈环路将输出端的部分信息返回给输入端，以此优化信号传输的表现。与之类似，图 2.1 中的反馈环路展示了如何最优化你的论述。

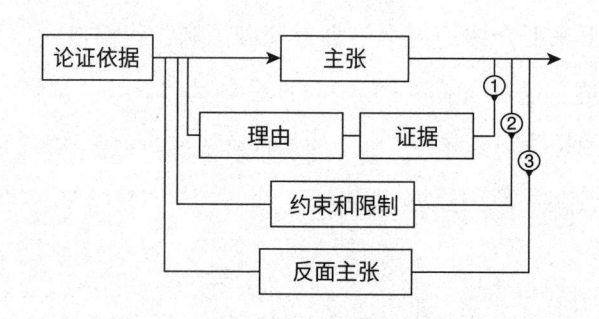

图 2.1 论证的反馈环路，展示了论证中可能需要使用的元素

在图片中，论证流程主要是从**论证依据**到**主张**的提出，再向外延伸到所要说服的对象。主张是我们基于数据或概念提出的基

础性的陈述。然而，在一个论证完成之前，它可能需要顺利通过其中一个或所有的二级反馈环路，其中每个环路都能够进一步修正将要做出的主张。修饰后的主张会变得更加有力且更难以推翻。在我们回到图 2.1 之前，我们先来逐一看看这些元素。[2]

为主张找到依据

论证可能基于数据和事实或理念及价值——这些都行得通。例如，下面两种主张的任何一个都可以被用来论证对全民医保的支持：

- 正如《世界卫生组织组织法》（Constitution of the World Health Organization）所述，美国应确保其所有公民享有全民医疗保健，将此作为一项人权。[1]
- 美国应确保其所有公民享有全民医疗保健，因为它减少了因雇员生病而损失的工作日数量。[2]

这两种论证所要证明的主张是一样的，但它们基于不同的论证依据。第一种从价值出发，假设人们都认可"人权"的价值，且他们对于人权的理解相一致；第二种则是从数据出发。在美国，关于医疗保健的争论大多以第一种论证为特征——主要分歧产生于人类应享有哪些权利，但第二种论证却在很大程度上被忽视了，尽管它更难以反驳。

工程领域的论证通常都以数据为导向，具体类型包括科学研究、事实证据、建模计算、测试结果或设计原型。少数情况下，工程论证也可以基于某种理念来推动。比如苹果公司——iPhone和iTunes的制造商，就将极简主义作为自己的"设计哲学"。这种价值观贯穿他们的设计始终，从用一整块铝材制成MacBook的外壳，到不为iPad配备触控笔（微妙的是，这为后端市场的手写笔制造商创造了机会）。苹果公司的极简主义理念为该公司对"何为优雅设计"的定义提供了根据。因此，工程设计中的论证可以由概念或理念驱动，也可以是由数据驱动（尽管后者更为常见）。无论一个工程学的主张是**基于理念还是数据**，它们都应当被认为是有根据的。反之，如果缺乏此类依据，这种论证就是不负责任的。

做出主张

主张就是我们希望读者认同为真、认为可接受或至少是值得考虑的陈述或想法。在有些文章中，主张就是单纯的字面陈述——表达观点的一两句话。而在更复杂的文档中，主张可能是由若干陈述组合在一起而形成报告的总体主张。例如，在一份设计报告中，总体主张可能是"本设计满足（某些）需求"。整份文档则通过展示该设计如何满足（或超越）各种需求来体现这一主张。

提供理由和证据

理由和证据一起构成了第一个反馈环路。任何一个想要免于粗糙化或琐碎化的主张都需要这二者或其中之一。理由是在主张之下起支撑作用的逻辑解释。为了得到理由，我们可以问一些问题，比如"你这么说的原因是什么"或者"你凭什么这样说"。而证据指的则是一些事实依据。这些证据一开始看上去可能比较像是支撑论证的依据，但实际上，我们可以将证据理解为额外附加的事实性信息。

在结论之前添加限制

第二个反馈环路是关于**限制**的。通常，我们需要限制或限定我们试图论证的内容。我们不希望别人在任何场合下都无限制地应用我们的论点。我们的主张应当在某种特定条件下，**在某些特定的限制下成立**。论证中的限制可以以主观或客观的方式进行。主观的限制仅仅表示我们对主张的确定程度。这个主张是"有可能""很可能"还是"很有潜力"？所有这些词，还有其他许多类似的词汇，可以用来提示这种主张的确定程度。客观的限制通常和规范相关，例如：$\pm 5\Omega$。它们以非常精确的术语限定主张成立的范围。可以考虑以下两种指示：

- 竣工图显示了电气配置的名称，请将其加入修订版中。
- 如果竣工图纸显示了电气配置的名称，请将其加入修订版中。

第一种没有包含限制因素，且"请加入"这个指示有着较大的强度。第二种则将前面的开放性从句改为了限制性的"如果"从句，因而削弱了指令的强度。这意味着读者只有**在竣工图纸显示了电气配置的名称**时，才需要加入这些名称。有时，这种限制是很重要的，甚至可以在某种特定的范围限制下加强我们的主张。无论是以主观还是客观的方式，限制都提供了一种控制论证并确保论证的准确性和精密性的重要途径。

关注可能的反面主张

反面主张或反驳是反对我们所要论证的主张的主张。这些反驳可以是对原主张的直接攻击，也可以是更微妙的陈述，暗示了一些原主张所不期望的推论。如果这些反面主张被论证为真，那么我们的主张就不可能为真。因此，我们可能需要关注这些反面主张，并解释它们为什么是错误的或是与当前的情况无关的。对反面主张做出反驳，可能需要额外的理由和证据。

总结：主张的所有组成部分

总而言之，**主张**建立在数据或理念之上。这种**依据**可以是明示的，作为一份报告的组成部分，也可以是隐藏的。**主张**要尽可能以最充分的**理由**和**证据**支持。主张被**限制**在数据或概念所允许的范围内，必要时还要考虑到可能的**反面主张**（接受或反对它们）。

随着这些循环进行，论证也会产生变化。它的主张力度可能变强或变弱，但无疑会变得更精确、更聚焦。如果反面主张成立，原主张可能需要重塑，或需要新的理由来支持其有效性。一般情况下，一段论证只需要在要求的范围内做有限次的循环；但除非这种主张的合理性是完全显而易见的，否则它必然需要一定的支持。

任何主张都不是天然成立的。

主张先行的论证最有力

在一篇论证中以主张作为开头无疑是所有方式中最强有力的一种。读者将围绕主张建立对论证的理解，因此当主张被放在开头，读者将会以更高效且更有效的方式对其进行加工[3]。考虑下面两种论证的例子：

论证1：等待化疗的时间取决于您的居住地址。地点B、C和D均达到或超过国家规定的10天的标准；然而，地点A等待时间经常超过3周，是国家标准的两倍。

论证2：在地点A，化疗等待时间超过3周，是国家标准的两倍。在地点B和C，等待时间通常少于10天。等待时间最短的是地点D，平均只有6天。由此可见，化疗需要等待多长时间取决于您的居住地址。

这两则短论证基于证据提出了一模一样的主张。然而，它们提出主张的顺序恰恰相反：

- 论证1将**主张**放在了支持性的说明之前。

- 论证2则提供了一种**总结性的主张**，而支持性的说明在前。

这两种不同的论证下，期望读者提出的问题是不同的：

- 在主张先行的论证中，读者会问"你为什么这样说？"
- 在总结性主张的论证中，读者会问"你想表达什么？"

第一种问题比第二种更加深入。因为主张先行，读者才能够在整个论证过程中专注于判断主张的合理性。反之，总结性主张的论证会使得读者不得不在整个论证过程中将精力用于建立一个对于主张的印象。由于总结性的论证是从事例推到主张，因此它们总是显得不那么确定，而且更依赖于特定的情况。

什么情况下适合总结性论证

只有处于以下两种情况时，让主张在论证的最后出现才是有帮助的：

1. 你论证的是一个具体事例，也就是说，你并不是要论证某件事在更一般的情况下是正确的，而是要论证它在这个特定的情况下是正确的。

2. 读者**需要**经历论证过程。请注意，我们通常希望读者跟随我们的论证思路，但仅在读者实际上**必须**跟随论证过程的时候我们才做总结性的结构安排。

第二章 构建工程论证

什么情况下的论证能够满足这些条件？通常情况下，满足这两个条件的情况要么是所论证的主张与读者的预期相反，要么是不了解情况的读者需要根据特定信息做出决定。这两种情况都假定我们知道读者期待的是某个答案或解决方案，而我们却要提出一个不同的结果。请注意，要做到这一点，我们需要十分了解读者。

因此，当我们的读者不了解情况而我们需要让他们了解，或是当读者的期待与我们的主张不同时，我们才应当按照从例子到结论的方式来完成论证。以下是这种论证方式的例子：

执行摘要

沿主街新建轻轨捷运系统有三种方案可供选择，每种方案都有其独特的优势和权衡。

- "空中列车"方案要求列车高出街道约 20 码①。支撑墩将放置在街道中间，地面施工只在车站进行，大约每隔 3/4 英里设置一个车站。该方案载客量最大，运行速度最快。
- "有轨电车"方案将在双向交通的中间地带沿地面行驶。这就需要在一定程度

> 前两句话并未提出主张，但它们成功将读者的注意力集中到了"优势和权衡"上。这一**设定**对于构建高效的总结性主张的论证而言是必要的。

> 这三种方案中每一个都展示了一些好的方面（优点）和一些问题。

---

① 1 码 = 0.9144 米。——编者注

上压缩目前的交通车道，以供铺设电车轨道。大约每隔三个街区就可以设置一个车站，方便人们乘坐。

- "半地铁"方案将在地面下方约8码的凹陷电车轨道上运行。与需要挖掘隧道的全地铁不同，半地铁只需要在地表进行挖掘；不过，这将涉及街道下方现有市政服务设施的迁移，但在施工完成后，街道仍可正常运行。与"有轨电车"方案一样，该方案也提供了便捷的交通方式。

　　以本市目前的财政状况，唯一可行的方案是"有轨电车"方案。不过，如果有适当的州和联邦资金支持，"空中列车"可能成为一个可行的替代方案。一旦资金到位，"空中列车"的高速度和大运量将使其成为首选。

> 作者在结论中提出了主张，表明"有轨电车"方案是唯一可行的方案。该主张受到以下限制："以本市目前的财政状况"。然而，请注意反面主张："空中列车也是可行的"，但限制条件不同："如果有适当的资金"。在这里，主张和反面主张是以一种平衡的方式提出的，表明任何一种主张实际上都是可行的。

28　　这项可行性研究的读者期待的是有轨电车，因此他们需要理解替代方案，即空中列车的发展情况。这就需要采用总结性主张的策略。作者聚焦于"优势与权衡"这一关键问题，从而设定好整个论证的过程。对任何总结性主张的论证来说，把读者的注意力集中到特定的问题上都至关重要，因为它能够引导读者一边阅读，一边在脑海中进行加工。

在提出主张之前先对三个可能方案进行讨论是很重要的，因为作者实际上提出了两个可能的主张——在"目前的财政状况"下的主张和"如果有适当资金"的反面主张。他不希望读者在了解这两种方案的具体含义之前就接受或拒绝主张。他把"空中列车"这种方案放在三个可能选项的首位，是为了激发读者的思考，并为读者开发一种可能的方案。

从这个例子中，我们学到了使用总结性主张进行论证组织的两个要点。我们应该：

1. 确认我们的读者**需要**经历论证过程。
2. 设置合适的论证方式，从而让读者的注意力集中在对评估主张的有效性的重要方面。

让主张先行变得自然

我们应当对将主张放在论证的最开始感到轻松和舒适。当我们被数据包围的时候，就应当准备好在此基础上做出有意义的陈述。提出主张和支持主张是工程学实践的基本步骤。当我们这样做的时候，别忘了这条公理：

主张先行的论证永远是最有力的。

对数据的阐释比分析更有价值

这一公理初看起来可能有悖常识。我们来定义两个关键术语：分析和阐释。

- 分析性的主张可以从对数据直截了当的分析中得到。它回答的问题是"数据显示了什么？"
- 阐释性的主张要求从数据本身更进一步，判断数据中可能得到的推论。它回答的问题是"那又怎样？"或"数据的意义是什么？"

实际上，我们可以将主张逐步从数据推导出来的过程理解为如图 2.2 所示的连续体。

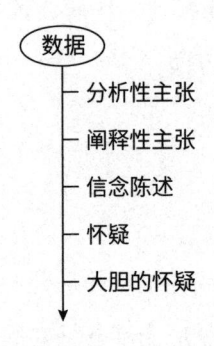

```
数据
 │── 分析性主张
 │── 阐释性主张
 │── 信念陈述
 │── 怀疑
 │── 大胆的怀疑
 ▼
```

图 2.2　根据从数据推导出的程度区分主张的类型

当然，上述过程还可以从数据一直深入到政治见解甚至是无稽之谈的领域。信念陈述有时也会被用于工程领域（比如我们之前看到的苹果公司的设计哲学）。这种陈述与数据的关系和那些数据驱动的论证不同，后者是大多数工程论证的基础。

分析性主张和阐释性主张沿着连续体存在，它们的共同目的是让数据对读者来说更加清晰和有意义。在对一组数据的理解中，分析性主张总是必要的，但它们通常不足以使一份报告达到其目的。

对比如下两个版本的论证。在这个例子中，论证的依据是一张展示"位置217"上游的建议配置的图纸，以及其提到的一张"草图"。第一种论证在结尾处提出了一个分析性主张（一种总结性主张的安排方式）；第二种论证在开头提出了阐释性主张（一种主张先行的安排方式）。

版本1：分析性主张	版本2：阐释性主张
在位置217，我们建议将四（4）条污水管汇入一（1）条重力污水管。由于地形和深度的原因，该位置上游的四（4）条水管将以堆叠的方式安装在一条隧道中。如所附草图所示，这四（4）条水管在排向出口之前应降至最低管道的水平。	位于位置217的四（4）条污水管的出水口需要降至最低管道的水平，以尽量减少硫化氢的产生和异味。在位置217的上游，由于地形和深度的原因，四（4）条水管将以堆叠的方式安装在一条隧道内。所附草图展示了通往重力污水管的建议配置方式。

在这个例子中，应阐释的重点是"需求"。相较于仅表达会发生"什么"，版本2还表达了"需求"，并通过理由确认了这种需求的必要性：它会减少交界处的异味。关于硫化氢和异味的阐述，无论是从草图还是原图上都无法直接看出来。它源于作者对那些数据的**阐释**，而这恰恰强化了对该管道进行独特的配置的正当性。这种阐释使主张变得更有价值。

这个简短的例子说明了阐释性主张的重要性。作者不仅带来了对数据的观察，还带来了专业知识。当他这样论证时，他的主张就有了价值和意义。阐释不一定总是要深刻，但阐释会比原始

数据本身更进一步——通过回应"那又怎样?"来增加价值。因此,虽然分析总是必要的,但我们需要记住这个公理:

对数据的阐释比分析更有价值。

逻辑虽好,但不能独善其身

工程学具有逻辑性、理性思维和解决实际问题的特征。因此,工程论证是合乎逻辑的,这也不足为奇。然而,我们需要注意人们理解事物的方式,因为归根结底论证还是**面向读者**的。并且,在人们做决定的过程中,经常有某种逻辑之外的东西在起作用。这并不意味着人们是"非理性的",这只是说他们在做出决定时参考了纯粹理性之外的角度。

从根本上讲,我们可以从三个可能的方面对人们做决定的过程施加影响。这三个方面各有一个来自希腊语的技术术语,概括了相关概念:

1. **逻辑诉求**(*Logos*)[①],或逻辑推理:这个词的意思是"证明"或"证据",或者更广泛地说,是指被证明是合理的、明智的或真实的东西。

2. **权威诉求**(*Ethos*),或信任:人们经常根据别人说过的内容来做决定。他们出于对这个人的**信任**而遵循其建议。举例来说,讨论管道布局的作者向读者表明了他了解硫化氢气体的问

---

① *logos, ethos, pathos* 是亚里士多德提出的古典修辞学三要素,为了保留其形式,后续将沿用希腊语表述。——译者注

题，因此他听起来足够可信，以至于读者更可能**出于对他的信任**而接受他所提出的建议。

3. **情感诉求**（*Pathos*），或情感：读者通常需要做出让他们感觉良好的决定。显然我们并不想被感情所左右，但"感觉"能够在读者同意某种决定时起重要作用。在工程中使用感觉是很微妙的：我们希望读者感到"明智""知识渊博"或"言之有理"。请注意，这种感觉和推理所带给我们的是一致的。然而，我们可能会希望读者不仅**是**被告知，还能**感受到**自己被告知。

三种诉求之间的关系如图 2.3 所示。

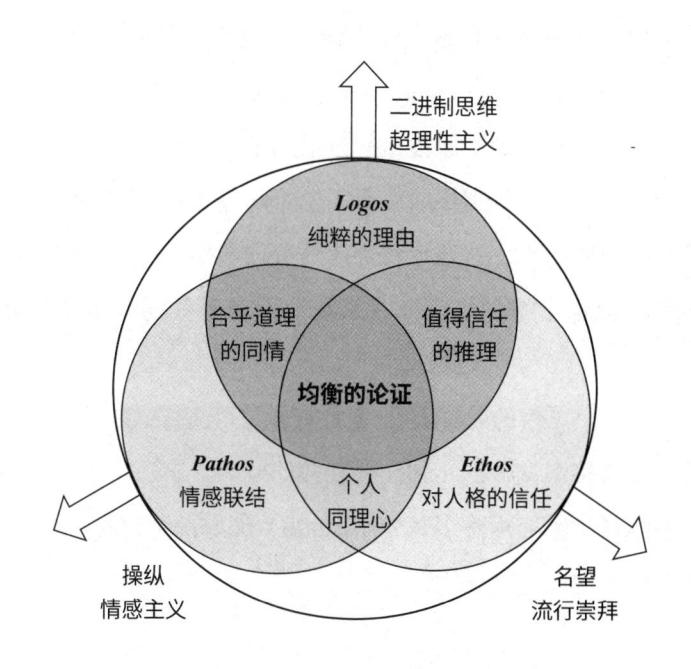

图 2.3 论证中的三种诉求

正如图 2.3 所示，这三种诉求有着相当多的重叠。在特定的情况下，某个区域可能比其他区域更重要。在工程领域的论证通常基于逻辑推理、值得信任的推理或均衡的推理。由于基于逻辑的论证实际上是本章的重点，所以我们会先简要地介绍另外两种，以加深我们对 ethos 和 pathos 使用的理解。

33 为 Ethos 投资

对 ethos 最简单的理解即它是一种"信任"货币。每次你提交作业、写电子邮件或是向团队提供计算结果时，你的信誉就会遭受考验。如果你出色地完成了作业，写出了清晰专业的邮件，做出了正确的计算，你的 ethos 就会提高，反之则会降低。前者意味着你的投资得到了回报，并且增加了他人对你的信任感。这意味着下一次人们收到你的作业、电子邮件或计算结果时，会很有信心。在职场中，这意味着工作的责任和挑战将会增加，你对公司的价值也会增加，就像罗尼在第一章开头的故事中所做的那样。

培养一个可信的 ethos——别人对你是否值得信赖的看法——需要一些直接但谨慎的步骤。公元前 320 年，第一个阐释三种诉求的希腊哲学家亚里士多德（Aristotle）认为，人们的 ethos 由三个基本行为构成：

- 美德——我们通过持续做正确的事来建立 ethos。
- 正向意图——在这一点上，他强调的是我们的计划对读者是否有利。如果我们向着对他们最有利的方向努力，我们就很有可能建立起 ethos。

- 处世智慧——天真的特质不利于我们去说服别人。我们需要了解世界运转的机制，并在实践过程中将其充分考虑进来。

道理就讲到这里。下面是一些实践性的建议，有助于你在学校或工作场合增强 ethos：

- 将社交媒体限制在自己朋友之间，而不是同事之间——这或许听起来严厉，但"如何做到在140个字符内失去工作"的案例数不胜数。
- 保持礼貌——信息的语气在很大程度上显示了发送者的性格。即使你在要求别人完成任务，也要把消息写得礼貌且专业。如果你正在气头上，那就冷静后再回复。
- 准确——没有什么能像做错事那样严重地削弱你的 ethos。核查所有的计算数据。如果你对可能存在的错误感到担忧，就去向你信任的组员求证。
- 诚实——如果你犯了错误、对答案一无所知或忘记了某事，就说出来。人们总是更喜欢诚实的人。在大多数情况下，总会有人识破你的谎言。

负责任地使用情绪

在某些场合下,试图利用情绪来说服人们是不负责的行为。而在另一些场合下,**不去**调动人们的情绪才是不负责任的。虽然前者可能看起来显而易见,而后者则需要一些解释。

马修·尼斯贝特(Matthew Nisbet)和克里斯·穆尼(Chris Mooney)在《科学》杂志上发表了一篇挑衅性的文章[4],指责公众并未以开放的态度接受科学知识,且大多数人都在自己的知识不足以对科学问题提出有意义的见解时,仍发表对科学问题的看法。尽管在工程领域,我们或许能够期待客户和助教们都更加开放且具备更多知识,但如果我们认为他们能够在面对特定问题时放下所有倾向,那就太愚蠢了。

在关于"空中列车"和"有轨电车"的论证中,作者需要牢记读者的预期。这是有着完全不同的身份的一群人,包括城市规划师、工程师、政治任命官员和民选政客,其中一些人支持有轨电车,而其他人则期待完整的地铁。从 ethos 考虑,作者需要显示对读者的偏好的支持,但需要调动什么样的"情感"呢?请注意,在总结性主张中,作者是如何使用"适当"一词的。作者以一种非常巧妙的方式唤起群体的"公平感"——他是在试图唤起围绕公平和正义的情感。通过唤起人们对公平的渴望,他巧妙地鼓励读者群体去向更高级别的政府寻求资助,因为从**公平**的角度讲,这个城市应当拥有比有轨电车更好的选择。

这种情感当然不会像一些小狗商业广告那样让人热泪盈眶,但它能以一种单凭理性无法做到的方式让人们凝心聚力。

理性、情感、信任

到现在为止，我们已经认识了三种诉求。由公理 1 规定的完整的主张结构确保了逻辑上合理的论证。然而，随着我们对决策中人性更加深入地认识，我们有信心联合 logos 的重要伙伴 ethos 和 pathos 来一并支持 logos。到这里为止，我们可以这样说：

逻辑虽好，但不能独善其身。

学生学习管理情感诉求的故事

在我教授的一门设计课程中，学生在"批评会"环节展示设计概念——这是一个口头问答的情景，他们需要使用原型为自己的设计辩护，并证明它满足或超越了要求。他们需要在连续的两轮快速展示中完成这一任务。

我的一个学生团队展示了他们设计的一个小装置，用于更换自动铅笔上用完的橡皮擦。他们很热情，但可能太热情了，在第一轮中，他们做了一些推销宣传，配上吸引人的图片和实物演示。他们说："这是自铅笔发明以来该领域发生的最好的事情。"但评估该项目的助教不为所动。事实上，他直接就一些小组成员没有考虑到的问题提出了质疑，并询问了他们具体的测量数据，这让学生们无措地跑回笔记本电脑前。

第二轮，小组迅速重新调整。他们删除了演示文稿中的几张幻灯片，调整了重点。面对下一位评审员，他们有理有据、严谨地介绍了他们设计的装置的质量。他们证明了自己的设计"在团队和其他同学进行的测试中,将更换橡皮的平均时间缩短了40%"。助教提出了一些刁钻的问题,但该小组能够回答她的问题,并就作业中的一个约束——以及他们如何解决这个问题——进行了细致的工程学讨论。与第一位助教不同,第二位助教对他们的印象深刻,非常深刻。

该小组是如何运用情感的?在第一轮中,小组被他们的热情出卖了,成员们言过其实。这也是新手常犯的错误之一。然而,到了第二轮,他们对情感的运用就大不一样了。他们使用的情感是"自信"和"冷静"。这些也是情感吗?当然是。人们可以**感受**到小组所散发出的自信和冷静,人们通常会对此做出反应,觉得这让人感到欣慰和放心(这也是一种 *ethos* 的建立)。

学会管理情感是具有挑战性的。要在尊重与笃定、自信与热情之间取得恰到好处的平衡是很难的,但当你练习演讲或撰写工作报告时,你会发现若你掌握得当,读者(或听众)会有所回应。

遵循常见模式的论证比结构独特的论证更有说服力

我们每个人都有一套思维模式,使我们能够厘清逻辑、组织框架以及做出理解——什么比什么更好,什么能够解决什么问题,等等。这些思维模式让我们能够快速审视大量的想法,并高效地对信息进行分类。这使我们获得了更好的记忆力,并能够完成更高级的任务,如做出决策或创造新的想法。要高效、合乎逻辑且有效地发展想法,遵循特定的思维模式至关重要。

这也就意味着，当我们遇到一个新想法时，如果它与某种已知思维模式相契合，我们就会以更有效率的方式处理它，也更容易接受它。作为作者，我们希望使用那些常见的模式，从而帮助读者快速领会我们的想法并接受它。

虽然可能的模式有很多，但工程领域最常用的只是其中的一小部分。为了有效地写出清晰、令人信服且高效的工程论证，我们需要理解这四种关键的模式（以重要性从高到低排序）：

1. 问题-解决方案
2. 比较和对照
3. 成因-效果
4. 定义和描述

我们已经看到，第一条（问题-解决方案）是设计报告的逻辑基础。其他思维模式可能也具有相应特征，比如比较不同的需求。这四种思维模式提供了安排和支持主张的方式。这些思维模式很有价值，是因为它们深深根植于读者的心理。为了让你亲身体会，可以试试这个单词联想游戏。让几位朋友说出他们在看到每个词时，脑海中浮现的第一个词：

- 问题
- 比较
- 成因
- 定义

图 2.4 里的词云图展示了我课堂上 300 位大一学生在联想游戏中的表现（词越大，表示出现频率越高）。

解决方案 前女友 儿童
解决 你 社会
议题 酗酒者 金融 数学
棘手的 毒品 设 计
设 置

图 2.4 学生们根据"问题"一词联想出的词云图

首先且最重要的，看看"解决方案"这个词有多么突出，而其他词看起来有多么小。这暗示人们在看到**问题**之后，对**解决方案**有着强烈的期望。这种思维模式非常常见。

当然，还有几点令人惊讶：

- "你"（也就是指，"我"）是个问题（甚至是比"前女友"更大的问题）。
- 这些 18 岁的孩子们将"问题"一词与"儿童""酗酒者"和"毒品"（这本身可能就是个问题）联系在一起。

论证的**模式**依赖于人们不言自明的、关于哪些事物属于同类的共识。这四种模式中的每一种都提供了让读者**感到**有逻辑的论证结构——又是 *pathos* 在起作用——因为它利用了深入人心的对推理如何运作的理解。

问题-解决方案

"问题-解决方案"模式大概占了工业工程学写作的一半以上。虽然这种主导地位听起来可能令人惊讶，但工程学的确就是一个解决问题的专业。在一个问题或议题[3]被提出后，人们自然会期待解决方案。用论证的语言来说，主张即为解决方案。如图 2.5 所示，"问题-解决方案"模式有三个主要的组成部分：

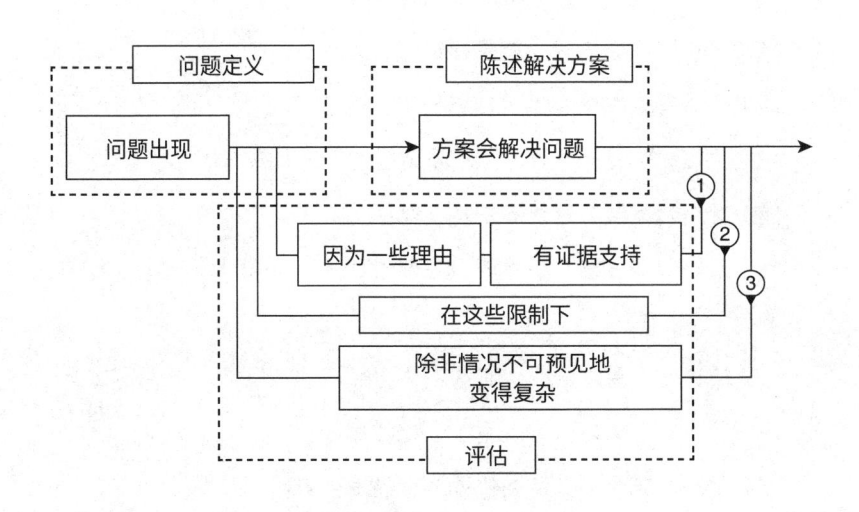

图 2.5 "问题-解决方案"模式的组成部分

1. **问题定义**包括使用适当的数据来证明问题存在。一般来讲，问题定义包括三个方面：描述问题的背景环境、对问题给出明确的界定、给定任何解决方案都必须满足的需求。

2. **陈述解决方案**主张了一种特定的设计方案，其能够解决定义中的问题。

3. **评估**将阐明解决方案如何满足上述需求（理由和证据），限定解决方案的适用范围（约束与限制），也可能设想现有方案失灵的情形（反面主张）。

下面的例子源于一位铂金冶炼厂设计团队中的工程师。它展示了这些组成部分在实际文档中如何发挥功能。

上谷冶炼厂（Upperdale Smelter）B级转炉的最佳耐火内衬材料是铝铬砖。之前建造的A级转炉使用的是镁铬砖，因为它们提供了耐火度、热学性质和抗渣性方面的最佳组合。虽然B级转炉将在类似的条件下运行，但B级转炉可能会在建成后闲置两年到三年。

镁铬砖容易水合化，而这最终会破坏内衬。在长期闲置时，发生水合化的概率很高，而炉床砖因其所处位置最容易发生水合化。铝铬砖能够抵抗水合化，且同时能满足材料选择的所有或大部分其他标准。

1. 开篇的句子为一个正待解决的问题提出了解决方案的主张。读者显然会发出疑问："为什么它是最好的？"

2. 第一段剩下的部分描述了当前的情景。

3. 第二段通过解释为什么需要一个解决方案来界定问题。

4. 最后一句提供了简短评估，说明该解决方案满足要求。

虽然这篇论证采取了主张先行的结构,但它也明确地使用了"问题-解决方案"模式。

学着去用这种模式,让它变得如同呼吸般自然。能够自如地对解决方案进行主张并为其正当性做出辩护,对你的工程师生涯至关重要。

学生设计报告中的"问题-解决方案"

"问题-解决方案"模式是设计报告所采取的典型模式。请阅读一份来自我学生的设计报告的开头几句话:

"石块收集器"这个割草机配件为防止小石头或其他碎石卷入标准割草机的刀片提供了一种安全有效的方法。斜角设计可将碎石移至一侧,便于稍后将其收集起来,避免影响割草过程。

> 开篇的句子提出了能够解决问题的主张(它既安全又有效)。
>
> 第二句话支持了主张,并暗示了关键的判断标准(能够将碎石移至一侧)。

注意这篇报告直接以对解决方案的主张作为开头。这在设计报告中并不少见。只要读者清楚地知道我们在探讨的是哪一方面,这种模式就行得通。

比较和对照

"比较和对照"几乎与"问题-解决方案"模式一样重要。通常情况下，比较会构成评估解决方案的一部分（例如：铝铬砖比镁铬砖更好）。进行比较是相对而言直截了当的方式：我们需要知道对什么事物进行比较，并知道比较它们需要的基础。

在绝大部分工程报告中，比较的基础通常由工程需求构成，或者也可以由不那么正式的内容，比如简单的优势、不足分析构成。但在比较正式的场合下，比较所采取的标准需要能够在不同备选方案之间做出明确有意义的区分，且每一个备选方案都与其他方案进行比较，或结合比较标准进行评估。因此，如同"问题-解决方案"模式那样，这一模式的显著特点同样根植于推理和证据。

绝大多数比较遵循以下的模式：

1. 提出一个比较性的**主张**。
2. 根据备选方案和比较标准（比较将以此为**依据**完成）为比较建立基础。
3. 在一些必要的**限制**下，通过合适的**推理**和**证据**论证你的主张。

偶尔，当"最好的"备选方案并不是在任何情况下都是最优方案时，在比较中也要处理**反面主张**。图 2.6 展示了"比较和对照"模式下典型的论证过程。

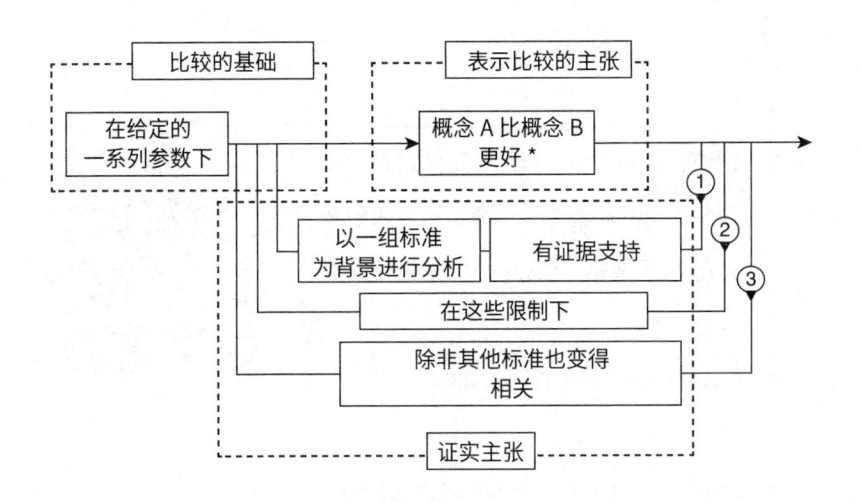

图 2.6 "比较和对照"的模式

* 注：这里的"更好"也可以是更大、更小、更快、更慢、更便宜、更可靠，或其他任何需要的比较标准。

下面的例子展示了一篇投标评估的总结。工程师对东欧一个大型发电项目中一个组件的三份投标方案的质量进行了评估。

这是 PE016 33kV 开关柜的商务分析的总结。招标时间为 2013 年 11 月 4 日至 2013 年 12 月 4 日，后延长至 2013 年 12 月 22 日。有四家投标人受邀投标：BDM、Grastein、ConTrans 和 GreenE，但 GreenE 拒绝投标。我们推荐 BDM 关于 33kV 开关柜的投标书，因其在技术和商业上均可接受。三份投标书在技术上均可接受。对商业可接受性的评估是根据价格、交货条款	1. 开篇描述了招标情况以及比较对象（即公司）。 2. BDM 公司的投标被评为最佳。将主张放在最前面，读者自然会问："为什么？" 3. 用于比较的基础在具体评估之前就设定好了。请注意，在"技术可接受度方面"，几个方案不分伯仲。

和条件、付款条件和保修情况来进行的。

- ConTrans 的开关设备尺寸过大，这导致预装式电气间过大，造成了更高的预装式电气间成本（CAPEX）和暖通空调运营成本。
- Grastein 的投标交货期为 28 周，不符合项目需求。
- BDM 最初提供的设备总价为 565,500.00 欧元，交货期为 18 周。经过谈判，总价降低了 5.4%，再加上数量折扣 1.5%，总价为 527,073.50 欧元，交货期为 16 周。这符合项目进度。他们还提供了可接受的付款期限及条件。

> 4. 在总结中，作者仅提到了对每份投标做分析时的关键标准：ConTrans 的成本，Grastein 的时间，故仅留下满足上述标准及其他标准的 BDM 公司。

详细评标情况请参见所附的技术和商业评标报告。

> 5. 在推理之后，作者在最后列出了可供参考的证据。

44　　在"比较与对照"中，你几乎总是可以将主张放在首位。唯一需要我们采用总结性主张的论证结构的情况是，读者可能本来就期待某个特定的结果（例如，ConTrans 将会获胜），因此他们需要遍历论证过程。

成因-效果

"成因-效果"分析无论在整篇报告的组织中,还是作为一个报告的组成部分时都很常见。最简单的理解"成因-效果"模式的方式是将它视为两种独立但相关的情况。要么成因已知,我们需要解释其效果;要么效果已知,我们需要了解其成因。我们可以使用一张表格来表示这种模式,展示我们论证模型的逻辑基础,如表 2.1 所示。

已知效果但需要解释成因的时候,作者可以使用第一种变体;当理解成因但效果(或潜在效果)还未知时,则要使用第二种变体。在本章的结尾,我们会对"成因-效果"模式的论证进行更细节的分析。然而,提议空中列车的作者必须根据已知的原因来论证潜在的影响。

表 2.1 作为一种论证逻辑的"成因-效果"推理模式

论证阶段	从效果到成因	从成因到效果
论证依据	这一事物、过程、事件,称作"B",是可观测的	这一独立实体,称作"A",将会带来后果
表明因果关系的主张	A 导致了 B……	A 导致了 B……
理由 & 证据	因为 B 的成因需要一系列特定的性质,而 A 表现为具备这些性质……	因为 A 将导致一系列特定的后果,而 B 表现了这些后果的特点……
约束和限制	在某种程度的确定性上……	在某种程度的确定性上……
反面主张	除非其他实体也具备这些特质	除非 A 还能导致其他可能的后果

定义和描述

诚然,"定义"和"描述"实际上是两种不同的模式,因此从技术角度来说,我是把"第五种"模式压缩到了我四种模式的清单中(在本书后面的章节中,我将建议你不要这样做)。然而,它们的功能非常相似,因此可以放在一起讨论。再者,这两种模**式几乎不会**被用于组织一整篇报告,而更可能用于构建语句和段落。本质上,"定义"回答的问题是"它是什么?";而"描述"则回答了"它看起来像什么?"或"它是如何发生的?"(取决于你是在描述"物体"还是"过程")。

下定义之时

"定义"解释了事物的含义。工程文档中的定义通常很短,有时只有一句话甚至更短。但无论长短,它一般由三个部分组成:

被定义的事物	+ 该事物从属的更大的集合	+ 使其与众不同的独特属性
电子变速箱	+ Porsche 生产的自动变速箱	+ 利用变矩器实现手动升档/降档功能
心脏支架	+ 小而具有延展性的、塑料或金属制的网格管	+ 用于使血管或其他身体部位保持通畅或被打开
可持续发展	+ 土地或水资源开发	+ 满足当下需求的同时不损害后代人满足其需求的能力

请注意,每个定义的最后一部分都是描述性的——这显示了"定义"和"描述"这两种模式的重叠。定义当然可以更长——

实际上，上述表格中的最后一条定义来自联合国布伦特兰可持续发展委员会（United Nations Bruntland Commission on Sustainable Development）[5]，它用非常长的篇幅详尽地介绍了什么是可持续发展，以及这一概念的具体含义。

描述机制和流程

与"定义"类似，"描述"也倾向于通过较短篇幅的阐释来说明事物看起来的样子或是发生的过程。通常情况下，"描述"遵循以下三种可识别的方式之一：

1. 从大局到细节——从事物的本质或事物最明显的特征入手，这种模式试图给读者快速留下一个印象，然后在此基础上填充细节。

2. 连贯推进的视角——在描述静态场景、物理空间或者图表时，作者可能会横向（或自下而上、自上而下）描写空间，以一致的方式持续推进。

3. 事件序列——介绍工序流程时，关键在于确保事件发生的每一个过程都能毫无遗漏地得到描述。大多数人都会自然而然地描述序列——提供指示或方向、讲述昨天发生的事情等，诸如此类，都需要从过程中挑选步骤并进行描述。

机制描述或技术说明是学校中很常见的作业，但前者很少作为独立报告出现，后者将在**第六章**讨论。

机制描述通常采取从大局到细节（也被称为从一般到具体）

的方式。想要有效地进行机制描述，要注意如下三个直截了当的属性：

1. **本质**：它是什么？通过更高层次的解释（或定义）和关键特征来引入描述对象及其目的。

> 割草机石块收集器是汽油割草机前部的一个 V 形附件，可将碎石移到一侧，防止其接触割草机刀片。

这句话概述了这一装置的功能。

2. **功能**：它能做什么，或它如何发挥作用？在任何关于机制的描述中，你都需要解释它的功能。有时，解释功能要求对某个过程做更加长篇的论述，但请注意在前文的例子中，最基础的功能问题在一句话中就得到了回答。特定组成部分的功能可能需要更多的细节信息，而这些可以在对其进行描述时给出。

3. **外观**：它看起来是什么样的？通常情况下，技术文档中的文字说明会搭配视觉元素。但一段有效的说明应该让读者即便在没有视觉元素的情况下，也能理解机制原理及其组件。下面是一段关于石块收集器配件的文字。你能在脑海中想象出它的样子吗？

> 石块收集器有三处与割草机相连：割草机的两个前角和前端线的中点。两个角通过可调节的钢制 C 形夹具与收集器的铝

这一段以对连接部分的概述开始。

制框架相连接,夹具可旋转90度。夹具可以通过旋转固定在不同类型的割草机的前面或侧面。C形夹具在割草机内的部分的边缘很低,因而不会妨碍刀片。而夹具露在割草机外面的部分则用一个翼形螺母拧紧固定。

> 第二句侧重于详细解释两个前角处的连接方式。

> 最后三句话解释了前角连接部分的关键特征。

当你试图在脑海中绘制它的图像的时候,想象一下你会希望在图像中看到什么。在任何机制描述中,这个步骤都可以帮助你设想你所重视的视觉元素。

一份报告中的描述和定义

经常来说,"描述"和"定义"作为一份更大型报告的组成部分,会与我们已经讨论过的其他论证模式相组合。在此,问题会得到**定义**,而解决方案会被**描述**。

也许你已经注意到我在讨论"定义"和"描述"的时候用了大量的限制性词汇(经常,通常,一般)。这是因为它们与其他模式之间并没有明确的界限。然而,如果你能适时运用"定义"和"描述"的结构来指导写作,那么即使描述对象的复杂度超乎寻常,你也能够写出清晰易读的文章。

使用这些模式来考虑问题

我们已经列出了逻辑推理的四种模式:

1. 问题-解决方案
2. 比较和对照
3. 成因-效果
4. 定义和描述

这些模式很重要，因为它们印刻在读者对文章的先验期待中。因此，我们越快、越明显地捕捉到读者的这些期待，这种模式就越有用。这意味着，我们应该使用"问题"和"更好/更差"等明显的词语来激发读者，让他们认识到这些模式正在发挥作用：

遵循常见模式的论证比结构独特的论证更容易被接受。

分析一位工程师的论证

为了帮助读者理解"工程论证的五个公理"是如何在实践中发挥作用的，我们通过分析一位工程师的报告来结束本章。案例来自一家名为 GoodSteel 的钢铁公司。该公司的产品之一是镀锌钢板，成卷出售，可通过冲压成型来制造各种部件，从汽车车门到小的法兰盘及微型部件。一位工艺工程师，卢克（Luke），被要求调查一个问题。

客户 Partstamp 公司报告称，在他们在对镀锌层进行冲压和涂漆后，部分油漆剥落，剥落处的钢材上出现了蓝色污斑，而油漆无法附着在上面。Partstamp 公司认为问题出现在镀锌过程中。样品、GoodSteel 公司在钢材涂层的轧制油、冲压过程中使用的润滑剂和喷涂使用的油漆一起被退回给了卢克，以便进行调查。

与任何工程论证一样，卢克不能只是提出一个主张——他需要建立一套论证。

搜集论证依据

收集论证依据的工作包括：跟踪同一时期生产的其他镀锌钢卷，查阅有关润滑剂微生物污染等方面的研究报告，并进行一系列测试：

- 冲压部件以确定压力是不是因素之一。
- 在零件上分别涂轧制油、润滑剂、轧制油+润滑剂、混合了水的润滑剂（Partstamp 使用的方法）。
- 将零件存放在室温下的湿度箱中，以模拟在南方的制造厂可能出现的恶劣气候。
- 使用红外光谱法（Infrared spectroscopy, IR）和 X 射线光电子能谱技术（X-ray photoelectron spectroscopy, XPS）分析样品。
- 检测润滑剂、轧制油和钢材表面的微生物含量。

在收集好这些测试的结果后，他将信息编成表格，使一系列不同情况下的比较结果能够直观可见（表 2.2）。

在卢克开始论证之前，他还需要**了解**这一投诉的诸多特征。因此他通过模拟制造商的制造条件，在自己的实验室里重现了这些特征。这类工程论证是完全由**数据驱动**的，如图 2.7 所示。

表 2.2　涂油模拟轧机涂层和润滑剂喷涂的镀锌钢材样品

样品编号	涂油成分	蓝色斑块是否产生
4	空白对照组（不涂油）	×
4	轧制油	×
4	润滑剂	×
4	轧制油 + 润滑剂	√
4	润滑剂混合物（润滑剂 + 水）	×
4	轧制油 + 润滑剂混合物	√

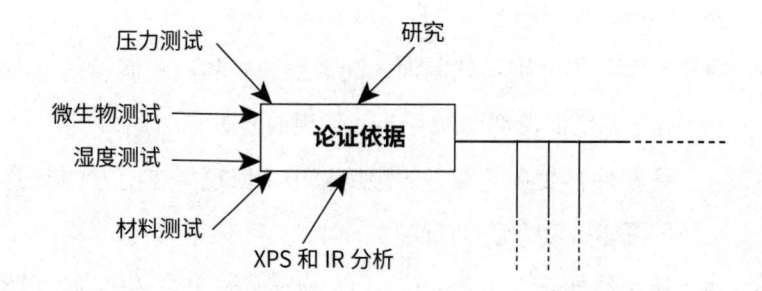

图 2.7　论证依据基于包括测试和研究在内的多重数据源

建立主张

基于实验室数据和调查研究，卢克做出了推动整篇报告的重要主张：

蓝色斑块是由 Partstamp 公司使用的冲压润滑剂中的细菌污染造成的，与镀锌产品的质量无关。

这对 GoodSteel 公司来说是个好消息，而对其客户（或是润滑剂供应商）来说则不是。这一主张是分析性的。任何一个看过表 2.2 的人都能看出，所有出现蓝色斑块的情况都使用了润滑剂。尽管这一主张是**分析性**的，卢克还是需要用理由支持其主张，并为客户和润滑剂供应商**阐述**这些数据。

用理由和证据来支持主张

表 2.2 还显示，除非同时使用了轧制油，否则单独使用润滑剂不会产生污斑。因此，要想让客户接受他的主张，就必须仔细说明理由。下面这一段话展示了卢克的推理：

> 单独使用轧制油或润滑剂都不会形成蓝色污斑，因此污斑一定是冲压润滑剂中的细菌或真菌与轧制油相互作用的结果。水基润滑剂很容易受到细菌污染[2,3]。必须严格控制温度、pH 值和碱度，以使润滑剂中的杀菌剂/杀真菌剂正常发挥作用[1,2]。

请注意，理由和证据是相互配合的。在研究论文的支持下，他运用了**成因-效果模式**（因为不是 A，所以是 B）来完成论证。这种第一手实验和科学研究相结合的方法在大学和企业中都很常见。在某些领域，实验可能会被建模方法（如有限元分析）或设计工作中的迭代开发所取代。

对论证做出限制

在下一段中,卢克指出了一些可能对其断言造成影响的未知情况。

> 目前尚不清楚 Partstamp 公司是否采取了这些 [严格的控制措施]。润滑剂混合物中有许多潜在的生物活性营养源[2]。然而,对照检测中,在润滑剂中未添加轧制油的情况下,细菌仍然大量繁殖。因此,轧制油会加速细菌生长,但并不是造成细菌生长的原因。

请注意,在冲压公司条件未知的情况下,论证是如何被重新强调的。尽管存在未知因素的限制,他还是提出了这一主张,因为微生物测试(他称之为"对照检测")提供了额外的证据。

因此,该论证通过了如图 2.8 所示的两个环路。

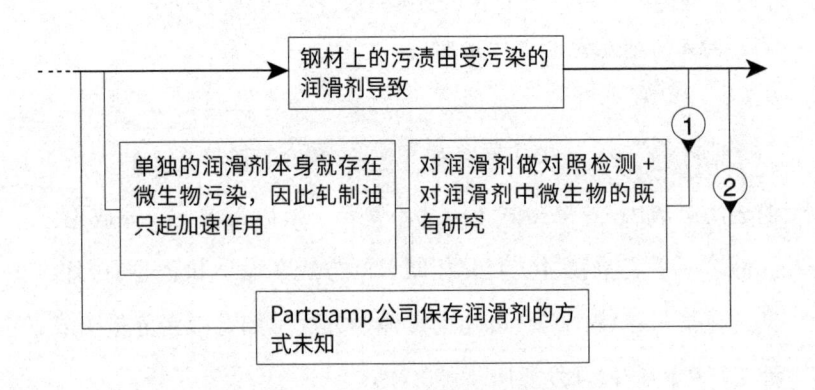

图 2.8　通过理由、证据和限制加强论证

考虑反面主张

卢克基于隐含的反面主张断言:"这不是由镀锌产品质量造成的。"隐含的反面主张(这**是**镀锌产品的问题)是客户最初投诉的内容。卢克将自己的论证建立在充分的数据依据基础上,因此也没必要公开与反面主张进行辩论了。通常情况下,充分的论证可以免去对反面主张的反驳。

从例子中学习

这个例子展示了工程师必须经常进行的一种论证:它以数据驱动,旨在评估一个问题,并且必须以客户能够理解和接受的方式呈现。我们可以从这个例子中学到一些东西:

- 任何主张都不是孤立的。虽然卢克在第一页就提出了自己的主张,但论证理由还需要额外10页纸。无论是涉及研究、实验、设计原型还是建模,支持主张都很重要。
- 有时,即使分析也是阐释性的。卢克的主要工作是分析数据,但需要对数据进行阐释,这样对读者来说才有意义。
- 卢克在整个报告中始终谨慎地保持合理性和逻辑性。这样可以确保他维持权威的 *ethos*。他的研究帮助他赢得了信任。永远不要低估研究的价值。
- 对推理模式的运用为卢克的读者接受他对数据的解释打

下了基础。基于他对原因的探寻,读者们期待一个结果,而他给出了读者期待的结果。

将这五个公理运用在你的写作中

要将这五个公理付诸实践,需要一些练习。在一篇文档中,要尽早确立你的主张并支持它。这里有四个大问题(还有一些小问题),可以帮助你在报告中形成连贯一致的逻辑论证:

1. 我希望读者去理解、接受、运用或遵循一个什么样的主张?
   - 它需要什么样的支持?(**任何主张都不是天然成立的。**)
   - 主张可以最先出现吗?(**主张先行的论证最有力。**)
2. 我的论证是否能帮助读者理解或接受?
   - 论证是否在回答"是什么"的同时回答了"所以呢"?(**对数据的阐释比分析更有价值。**)
3. 我是否建立了读者对我的信任?
   - 我是否展现出了自己的可信和人性?(**逻辑虽好,但不能独善其身。**)
4. 论证结构是不是读者所熟悉的?
   - 我是否运用了一个已知的推理模式?(**遵循常见模式的论证比结构独特的论证更有说服力。**)

第三章

使用视觉元素进行报告的策略

STRATEGIES FOR
REPORTING WITH VISUALS

在工程领域，视觉元素**可能会**很美观，**但必须清晰**。事实上，清晰就是美观。清晰来自对数据最为诚实和直接的表述。正如爱德华·塔夫特（Edward Tufte）所观察到的那样，"呈现信息的目的是辅助对信息和证据进行推理和思考"[1]。视觉元素是工程报告不可分割的一部分。它们有助于构建我们的理解，使读者能使用数据。图 3.1 提供了一张直观的工程图，它展现了出色的工程视觉元素的三个典型特征：

- **增值结构**：这张图纸使用了规范的布局来体现设计者、描述性元素和修订过程。当然，并不是所有的工程图纸都需要保持这样的形式，但关键是要确保图中的要素能够增加价值。
- **有意义的视角**：这张图纸展示了侧视图、正视图和剖面图，所有视角都以相同比例绘制并对齐，便于相互参照。
- **选取的细节**：这张图纸从完整的图纸中选取了两个细节图（细节 B 和细节 C）并以更详细的方式呈现（见标注出来的圆圈），同时附有测量值和说明性文字。

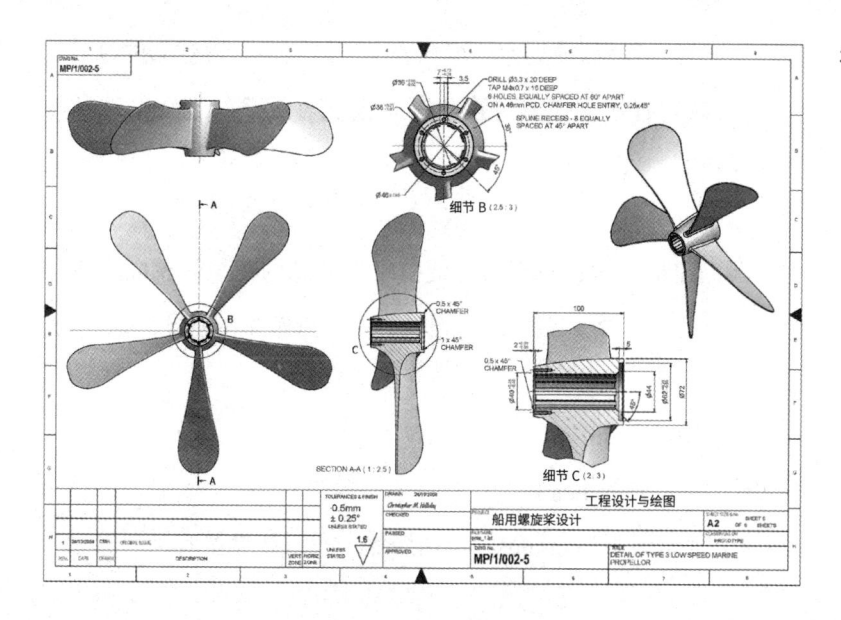

图 3.1 船用螺旋桨工程图 [2]

像这样的图纸应该能让别人根据它的规格说明来制造螺旋桨。然而，完成制造工作只是可视化的其中一个目标。有时进行可视化可能是为了证明一个概念，或者是说明人如何与系统交互。不同的目标会影响信息的设计。无论具体的目标是什么，清晰仍然是最重要的。

本章不太可能全面地解释或帮你制作在学生或职业生涯中需要制作的繁多的视觉元素。幸运的是，已经有很多优秀的书籍服务于此目的 [3—4]，而且许多工程学院也开设了制图相关的课程。本章主要有三个目标：

1. 确保你把文档中的视觉元素和文字联系起来。

2. 带你了解哪种类型的视觉表现最能满足呈现数据的目的。

3. 对具有代表性的可视化图表类型有足够的理解，这样你就可以诚实地使用视觉元素。

我们需要了解视觉元素如何提供对信息的快速印象以及更详细的理解。我们将重点关注工程报告中三种常见的视觉元素：

- 表格（Tables）
- 图形（Graphs）
- 示意图（Diagrams，包括照片、图纸和建模效果图）

当然，也可能存在其他类型的视觉元素，但它们通常适用于其他领域，如平面设计师。上述三种类型的视觉元素是对于工程师来说最为核心的。[1] 一般来说，它们属于数据驱动的形式，能够用于呈现量化信息。在探索各种视觉元素的细节之前，我们需要了解不同形式的视觉元素所要达到的目的。随着对文档中使用视觉元素的语境和人类视觉感知过程的理解，这一点将变得更加清晰。

将视觉元素与文档文本关联起来

由于视觉感知的力量，与报告融合不佳的视觉元素可能会失去价值，或分散读者的注意力。在选择视觉元素呈现的形式时，我们必须基于一个明确的目的。照片、图表或表格应当提供证明信息，以支持文档中的主张。如果我们认为借助视觉元素可以完成所有工作，那么我们的主张可能反而会缺失。

从本质上讲，我们有四种影响读者对视觉元素的反应的主要机制。为了让视觉元素成功服务于目的，我们需要仔细地使用每种机制：

1. **标题**：理想情况下，标题以两种方式起作用：它们帮助读者锁定视觉元素的位置，并将读者的注意力集中到视觉元素中需要理解的重点上。这两点对略读者和精读者都有帮助。制作标题时，需要让读者即使脱离文档也能理解其含义。很多读者会首先浏览图片和表格，所以要让整个视觉单元能够独立表达其含义。注意：图片标题一般位于图片下方；表格标题则在表格上方。

2. **标注**：图或表格的标注需要一致、清晰，从而让读者快速有效地吸收信息。

3. **文本中的索引**：文本中**必须**提及视觉元素，最好是在这些内容出现之前就提到——这有助于读者理解。但是，在提及视觉元素时，不要只是复述标题的文字，而是注重描述其含义。为了便于索引，请为图片和表格编号。可以在整个文档中连续编号，也可以在每个章节内部重新编号，只要保持一致的编号逻辑即可。

4. **论证**：视觉元素在构建论证中起着重要作用。在设计视觉元素时，我们需要考虑它们支持什么主张，并尽量减少其对信号的干扰。

这四种机制与视觉元素本身没有直接关系，但它们决定了视觉元素所处的语境，而语境是让视觉元素有意义的必要条件。

利用人类视觉感知进行视觉元素设计

信息图表能够从情感层面上吸引读者，所以我很喜欢它们。但是信息图表常常具有欺骗性，因为它们使用了大脑无法有效区分的图像，而非使用简单直接的量化实体。为了说明这一点，请看图 3.2，这张图比较了政府的人均高等教育支出情况[5]。

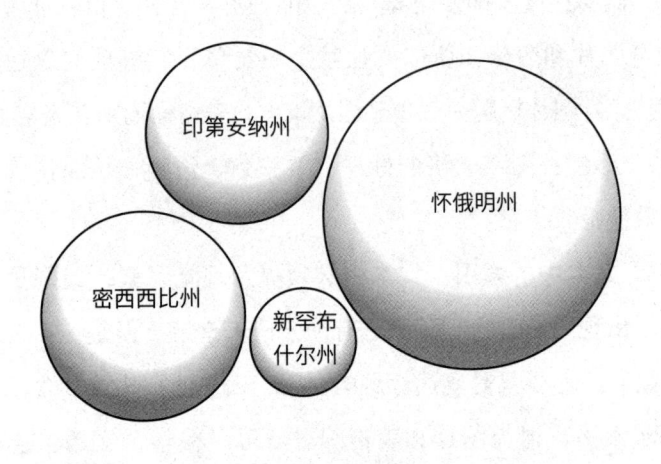

图 3.2　2013 年四个州的人均高等教育支出比较气泡图

尽管图 3.2 清楚地表明，新罕布什尔州（New Hampshire）在教育上的花费比其他州少，但它并没有说明到底少了多少。当我的学生们看到这组气泡时，他们猜测怀俄明州（Wyoming）的支出是新罕布什尔州的 4 倍到 25 倍。为什么会有这样的判断？首先，我们没有人特别擅长判断圆的面积；其次，阴影制造了"体积"错觉从而分散了注意力，而没有严格给出面积。这种视觉呈现是失败的。工程中的可视化**必须**有助于读者使用数据。

如果我们的目的是比较，那么传统的条形图会提供更清晰、更快速、更直观的理解。将上一张图与图 3.3 进行比较。

2013 年各州政府的人均高等教育支出比较

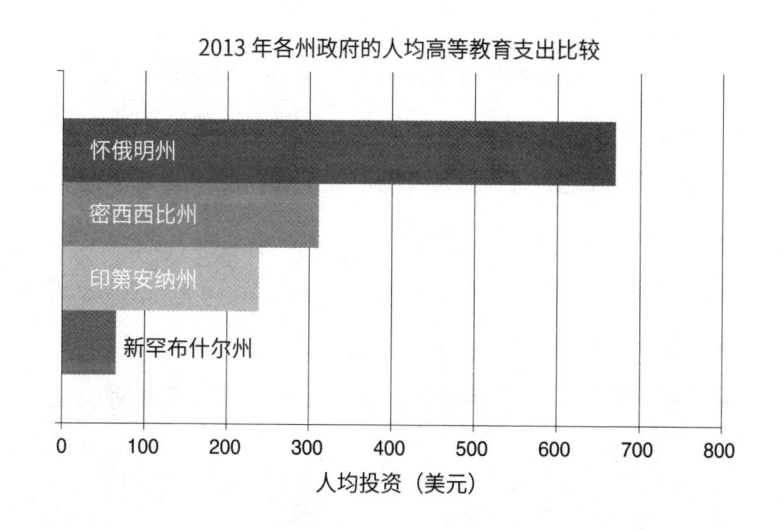

图 3.3　各州高等教育支出比较条形图

确切的金额（怀俄明州投入了 667 美元还是 652 美元？）远没有相对支出重要——怀俄明州的支出是密西西比州（Mississippi）的 2 倍多，是新罕布什尔州的 10 倍多。简单的条形图不像气泡图那样花哨，但它利用了人类的一种优势：我们擅长比较长度。而我们却不是那么擅长判断体积、面积或周长。视觉元素必须有助于推理和决策，而不仅仅是可爱或花哨。

人类加工视觉元素的速度很快。事实上，人体 70% 的感觉受体都是专门用于视觉的[3]。为了理解大脑是如何加工视觉信息的，我们可以关注两点：

- 加工视觉信息的阶段：前注意加工过程和注意加工过程。
- 大脑加工定性或定量信息的能力。

前注意加工过程涉及对应该关注什么的即时决策。一旦选定关注什么，注意加工过程就会接管，人们通过视觉元素来接收想法或信息。因此，我们需要考虑是什么让视觉元素引起人的注意：

- 视觉元素必须突出才能被选定，以进行进一步加工。
- 视觉元素必须利用读者的预设条件，以确保快速且有意义的解释。

定量信息是有价值和精确的，但我们从视觉上捕捉它的能力较为有限。如同前文对气泡图与条形图的比较（图 3.2 和图 3.3），判断长度比判断体积、面积或周长更容易。类似地，我们可以在空间中判断二维定位。因此，我们可以对图表中的大量的点进行定量的感知，进而与其他数量或其他类型的数据进行比较。我们并不怎么擅长根据颜色强度或宽度进行定量感知。我们也完全不擅长根据形状、方向或色调做出定量判断[3]。

定性感知更具印象性，因此其有用性在很大程度上取决于视觉元素的目的。斯蒂芬·菲尤（Stephen Few）基于格式塔心理学，提出了我们观察、使用图形中的模式的六项原则（表 3.1）。

表 3.1　格式塔心理学派的视觉感知六原则 [3]

原则	解释	例子
接近性 （Proximity）	我们会将距离相近的对象分组，因此我们在右图中可以看到三组。在数据间留出空间可以帮助读者浏览表格	
相似性 （Similarity）	我们会将大小、形状、颜色或方向相似的对象分组。因此我们在右图中可以看到四组	
封闭性 （Enclosure）	以某种方式被封闭在一起的对象属于一组，不论其接近性和相似性如何	
完形性 （Closure）	我们的意识会将开放的图形补全，因此我们倾向于将右侧的图形看作是一个圆和一个矩形，而不是一个弧和一个不规则形状	
连续性 （Continuity）	我们认为对齐的对象是连续的。因此，我们认为右图中左侧的图像是被箭头穿过的圆，而不是像右侧一样是两段曲线	
连接性 （Connection）	存在物理连接的对象是一组。这种联系超越了形状或大小上的相似性，不过比封闭性稍弱	

基于这六项原则，读者就能迅速分辨出视觉元素中的信息是否值得加工。例如，在图 3.1 中，正视图和剖面图上标注有 B 和 C 的封闭圆圈就会让读者注意这些区域，这些区域在更细节的剖

面图中会被放大。

选择表格、图形还是示意图

我们现在已经看到通过视觉进行交流的力量，接下来就可以讨论应该如何使用我们前面提到的三种不同类型的视觉呈现形式。每种形式都提供了不同的"可供性"——也就是说，每种视觉呈现形式都可能促进某些方面的理解，但也会让其他方面的理解变得困难。我们需要明确每种类型的可视化可以提供什么以及存在哪些限制（表3.2）。

表格：让数据可视化且有意义

如果我们需要体现具体的数值，表格可能是最好的呈现方式。表格实际上是可视化的文本，所以加工表格内容会像加工文本或数字一样，比较慢。表格的关键特点是它让我们可以快速查找特定的值。可以看一下表3.3。你看出了哪些信息（请注意，这张表格和气泡图所用的数据是一样的）？

表3.2 不同类型的视觉呈现的主要可供性

表格	图形和图表	示意图和照片
● 提供查找个别数值的方式	● 呈现一组数据的趋势、模式和异常	● 呈现实体或概念的具体示例

续 表

表格	图形和图表	示意图和照片
● 让特定值之间可被轻松比较 ● 将单独数值和汇总值结合起来 ● 总结离散的信息，通常是具有多个组成部分的内容 ● 依赖于文本和数字，使得加工速度变慢	● 揭示大量数值之间的关系 ● 让信息组可以被相互比较 ● 利用快速的视觉感知进行即时加工	● 帮助理解具体细节，如工作原理或尺寸 ● 能够对定性或定量信息进行可视化 ● 依赖视觉感知，但可能需要对背景或其他刺激进行过滤
关键词："数值"和"汇总"	关键词："模式"和"关系"	关键词："具体细节"和"可视化"

表 3.3 2013 财年图 3.2—图 3.3 中的四个州以及另外十个人口最多的州的政府人均高等教育支出[5]

支出排序	州	人均支出金额	人口排序
1	怀俄明州	$667	50
4	北卡罗来纳州	$420	10
8	密西西比州	$310	31
12	佐治亚州	$278	8
13	伊利诺伊州	$277	5
22	纽约州	$255	3
23	得克萨斯州	$247	2
25	印第安纳州	$238	16
27	加利福尼亚州	$232	1

续 表

支出排序	州	人均支出金额	人口排序
	全美平均	$230	—
38	俄亥俄州	$177	7
39	佛罗里达州	$173	4
41	密歇根州	$162	9
47	宾夕法尼亚州	$140	6
50	新罕布什尔州	$65	42

表3.3 体现了两种值，定量的和分类的：

- **定量值**是在给定情况下可以更改或操作的具体数字。在表格里是指每个州的人均支出金额。
- **分类值**是"标准"或不会改变的类别，其他数据可以被归入这些类别。在表格里，基于人口的排序是一种分类值，而全美平均值也是一种分类值。这一平均值提供了一种可以与其他值进行比较的分类。

这张表格显然比之前的图表包含了更多的信息——14个州比4个州更多，同时也提供了更精确的信息——排名、确切的美元金额、与全国平均水平的比较以及各州人口的排序。这个表格并没有那么可视化，它依赖于数字而非形状或形式。但我们不能假设人们不喜欢表格：表格每天都会出现在报纸的商业和体育栏目中，似乎没人会抱怨数据太多了（尽管美国的全民消遣，棒球栏目中，无疑存在潜在的数据过载：谁是最后一个穿着美国联盟队服投出完美比赛的左撇子投手[2]？）。

有效表格的例子

以下提供的一些例子，不仅能让你很好地理解表格所扮演的重要角色，还能让你掌握一些有效利用表格传达信息和做出决策的方法。

例1：一个用于与标准值进行比较的表格

一位在发电厂工作的工程师必须确保管道能够承受负荷的变化，包括在可能发生地震的情况下。表3.4列出了一组支撑管道的吊架，并将它们承受新载荷的情况分别与承受原始载荷的情况、该吊架类型的可接受范围进行了比较。

这个例子出自一份项目备忘。这张表格使信息可以被迅速查找和方便利用，这两点是这种类型的表格重要特征。

表3.4 某发电厂用于支撑管道的弹簧吊架的载荷能力比较

（需要关注的部分已标注）

吊架 #	阀门位置	原始载荷（磅[①]）	新载荷（磅）	弹簧吊架类型	标称工作范围（磅）
ABC21-HV19	MV20	680	694	462 A8	525～900

[①] 1磅=0.454千克。——编者注

续表

吊架 #	阀门位置	原始载荷（磅）	新载荷（磅）	弹簧吊架类型	标称工作范围（磅）
ABC21-HV23	MV22	733	**747**	462 A8	525～900
ABC21-HV25	MV24	683	**697**	462 A8	525～900
ABC21-HV29	*MV26*	*645*	***659***	*462 A7*	*390～660*

作者需要证明不断变化的新载荷不会影响运行。因此,首先,表格把重要数值"新载荷"加粗了,从而引起读者对这列数值的关注,也更便于将数据与原始载荷和"标称工作范围"进行比较。其次,表格框出了最后一行,以引起读者对重要问题的关注。基于这张表,作者可以主张:"MV26 处的弹簧吊架需要换成 462 A8 型号。"表中的视觉焦点支持了这一主张。

例 2:一个用于比较不同时期数据的表格

第二种类型的表格侧重于将定量值与其他定量值进行比较,而不是与分类值进行比对。例如,表 3.5 显示了六个月内在各地区使用调强放射治疗(Intensity-modulated Radiation Therapy,IMRT)治疗乳腺癌的病例数。在国家癌症管理小组中工作的工业工程师,就会基于这样的表格帮助国家和合作的卫生组织分配资源和医生。他们需要了解治疗主要在哪里进行,从而恰当地为这些地区分配资源。西北地区是需求最低的,但每个月份的案例数参差不齐，而东南地区的案例数就较为稳定。掌握这些变化，可能会有利于提供更好或更高效的患者护理。

表3.5　2014年上半年各地区使用IMRT进行乳腺癌治疗的案例数（单位：份）

治疗中心	一月	二月	三月	四月	五月	六月	上半年合计
东南地区	9	14	19	12	16	12	82
中央城市癌症项目	42	32	42	45	48	29	238
国会癌症中心	40	49	35	48	47	27	246
西北地区	4		19	5	5		33
合计	95	95	115	110	116	68	599

由于最重要的信息是给定时间内的具体值而非趋势，因此表格是癌症治疗案例数据最有效的呈现形式。的确，每当读者需要处理具体数值时，表格是最有效的可视化方式。

图形和图表：让趋势和模式可视化

图形提供了三个主要的可供性：

- 呈现一组数据的趋势、模式和异常。
- 揭示大量数值之间的关系。
- 让信息组可以被相互比较。

所有这些功能都非常好理解。例如，图 3.4 出自查德·塞弗森（Chad Syverson）的一项研究，该研究比较了美国在两个时代中生产率的并行变化。

图中，"100% 劳动生产率"的基准被分别设定为 1915 年或 1995 年的数值。有了这个单一的分类参考点，这张图就可以让读者快速轻松地比较两组趋势，不仅可以看到电气时代和信息化时代的相似之处，还可以对未来十年的趋势走向进行预测。然而，这张图无法提供精确的逐年比较。尽管它在呈现趋势方面非常出色，但在提供具体数值方面却表现不佳。在这个例子中，细节并不重要，趋势，尤其是展望未来趋势方向的变化，才是有价值的。

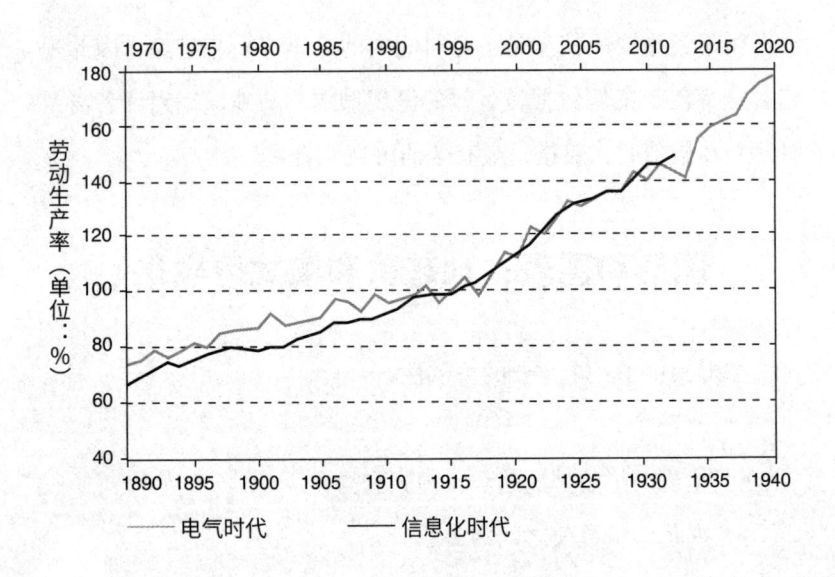

图 3.4　电气时代（1890—1940）和信息化时代（1970—2012）

美国的劳动生产率增长[6]

制作图形的四个注意事项

有些软件能够让制作图形变得简单，有时可能过于简单了。有些时候人们选择用图形来呈现那些明明更适合用表格呈现的信息，而这样做的原因仅仅是使用软件中的图形生成功能来绘图既轻松、又美观。他们常常是被那些让人大呼"哇"的因素吸引了。

注意事项 1：不要被软件愚弄而对数据进行不诚实的呈现

软件功能的固有危险之一是我们可能会不假思索地使用它们。例如，我用 Microsoft Excel 直接用美国机动车事故普查的数据生成了图 3.5[7]。这个图看起来不错——Excel 图形工具的基本功能发挥了作用——但你能否看出图形的根本问题出在哪里？

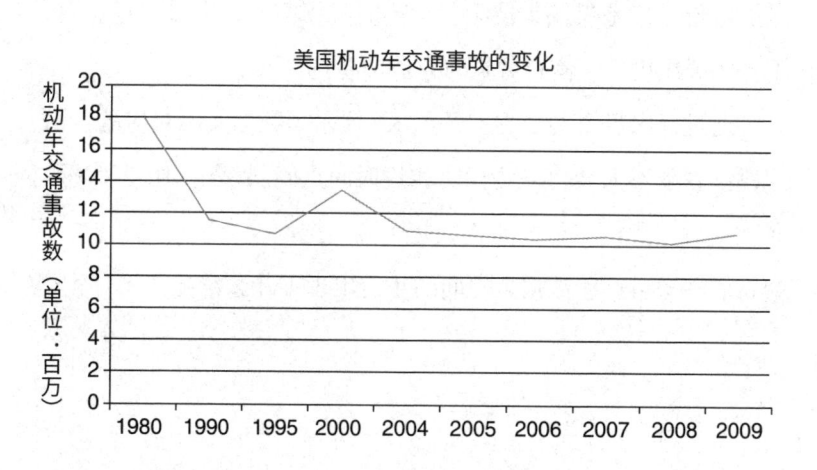

图 3.5 这张图是在未考虑数据的潜在风险的情况下用 Excel 绘制的。你能发现问题吗？

这张图中显示，美国的交通事故数量似乎突然下降了30%，且近年来情况似乎趋于稳定——但请注意时间坐标。大多数软件都像这个例子一样，并不能熟练地处理不均匀的时间坐标。这样，就很容易形成一种实际上并不存在的趋势。尽管事故数量从1980年的1790万起骤降为1990年的1150万起，但这一过程实际上花了10年时间。

注意事项2：只在数据点有利于阐明趋势的真正含义时才使用它们

图3.6显示了调整时间坐标后的数据图，这让交通事故数量的下降的过程看起来更像是经历了15年。然而，即使对时间的尺度进行过修正，我们仍不知道2000年是否刚刚好是个非常糟糕的年份，还是仅仅是持续了十年的问题中的一个时间点。两条不同的虚线提供了阐释数据时可能的备选含义。

通过标出重要的数据点，图3.6展示了数据实际对应的年份，这样读者就不太会再认为两个相近时间点间斜率相同了。掌握这些数据后，我们甚至可能质疑是否应当把数据点用直线相连，因为我们不知道这些数据点之间的年份出现了什么情况。

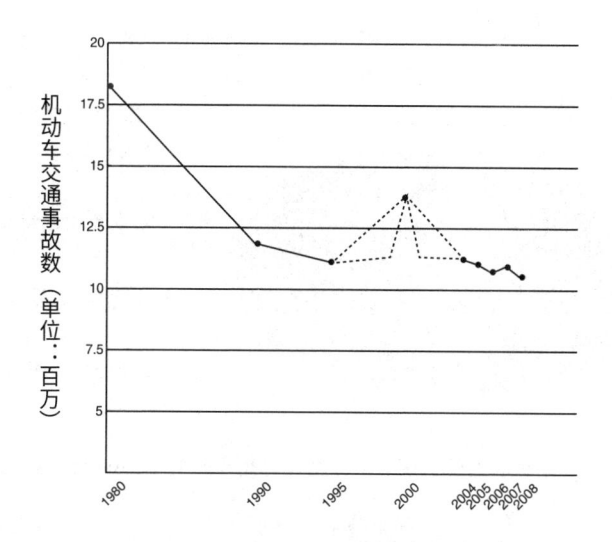

图 3.6 修正了时间轴后，使用与图 3.5 相同的数据绘制的图看起来很不一样

注意事项 3：注意"透视问题"

图表和图形软件可以让你创建 3D 透视图，但这种图具有欺骗性，如图 3.7 中的饼状图所示（不得不说，大部分数据处理者都会认为饼状图本身就是个错误；斯蒂芬·菲尤认为这项发明是"判断上的疏忽"[lapse of judgment][3]）。

去掉透视当然会有一定帮助，但无论如何饼状图都很难读懂。使用条形图（图 3.8）能够更有效地呈现相关信息，让读者可以一目了然地对不同车辆类型的情况进行轻松比较。

2009 年机动车事故 30 天内意外死亡人数
(按车辆类型,以千人计)

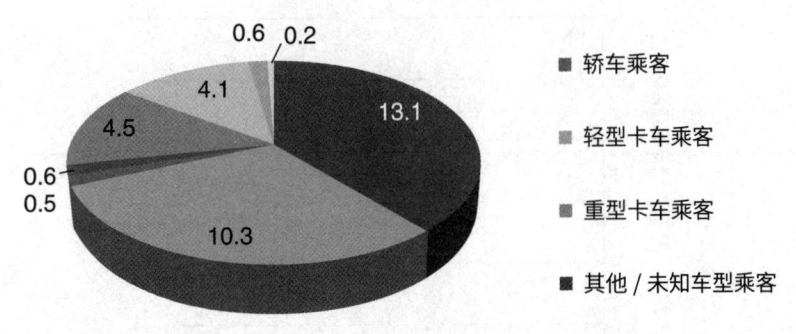

图 3.7 饼状图的透视效果让图中轻型卡车的 10,300 看起来比轿车的 13,100 还要多

2009 年机动车事故 30 天内意外死亡人数
(按车辆类型)

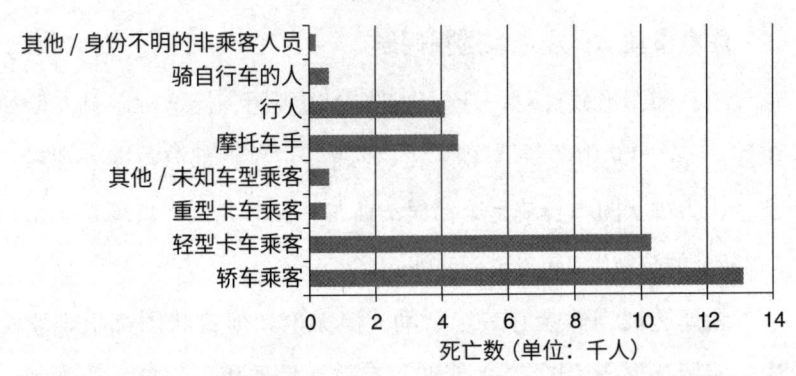

图 3.8 条形图提供了反映数据特点的最佳视觉呈现方式

注意事项 4:不要试图用图形呈现具体的数据

尽管条形图是诚实呈现美国事故数据的最佳视觉呈现方式,但在这一特定数据集上,我们可能会考虑是否用一张简单的表格

呈现会更好。

表 3.6 在占用更少空间的同时还提供了更丰富的信息——包括总数和详细数字。此外，数字 500 会比 0.5 千更简洁、更直观。按车辆类型统计机动车事故死亡人数时，死亡数据才是最重要的，应当被体现出来。

表 3.6　2019 年机动车事故死亡人数（按车辆类型，单位：人）

轿车乘客	13,100
轻型卡车乘客	10,300
重型卡车乘客	500
其他/未知车型乘客	600
摩托车手	4,500
行人	4,100
骑自行车的人	600
其他/身份不明的非乘客人员	200
总计	33,900

来自工业领域和学校的示例图

基于上述注意事项，我们可以开始介绍一些工程中常见的图表类型。

例 1：作为工程专用工具的甘特图

很少有学生使用甘特图。这很令人遗憾，因为甘特图（Gantt）对于跨团队安排工作或组织多个同时进行的环节很是有用。甘特图是一种混合体：

- 一部分是视觉元素（它使用不同的长度来表示时间）。
- 一部分是表格（它使用一行行的文本来指明过程中的各个阶段）。

每个大型工程项目都需要类似甘特图的工具来监控项目进度。图 3.9 展示了一项环境评估过程的简单甘特图。

环境影响评估过程

	2012 下半年	2013 上半年	2013 下半年	2014 上半年
环境影响研究（EIS）起草阶段				
确定公众范围	▓▓▓			
起草环境影响研究	▓▓▓	▓▓✪		
评审		▓		
公众意见征询		▓		
环境影响研究（EIS）回应阶段				
回应公众意见			▓▓	
最终版报告			▓▓✖	
决策阶段				
委员会审议				▓▓
记录决策				△

☆ 里程碑 1（用于评审的草稿）　✖ 里程碑 2（最终版提交）　△ 里程碑 3（决策）

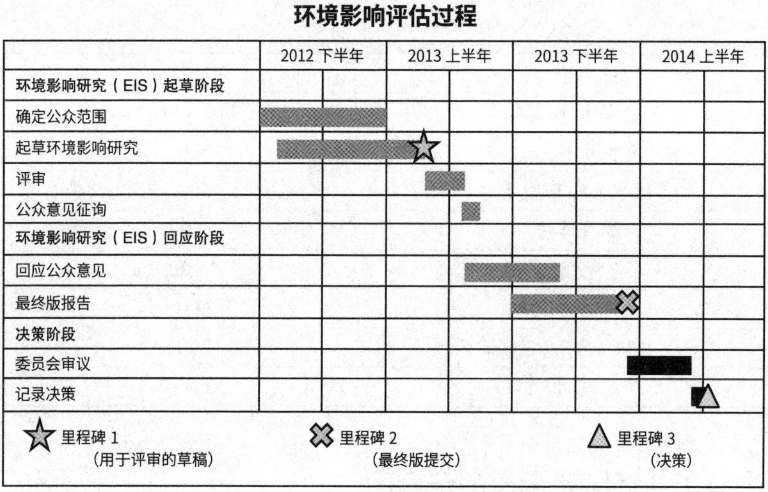

图 3.9　描述环境影响评估过程中各预期阶段的甘特图

大多数软件中的甘特图工具都和图 3.9 所示的简单时间线相似，可以用于时间规划、资源分配和监控进度。图中的时间表将项目分为三个阶段，每个阶段都有其里程碑节点任务。不同活动的时间线如果重叠，则表明这些任务可以同时进行。举例来讲，"回应公众意见"不必在"最终版报告"开始前完成，但"最终版报告"必须在"委员会审议"之前完成。综上，甘特图是规划

第三章 使用视觉元素进行报告的策略

项目交付并使项目顺利推进的有效工具。

例 2：用于解释过程和工序的流程图

如前文提到的，流程图经常高度"基于文本"，所以我们阅读流程图而不是仅仅浏览流程图。就像甘特图一样，它们介于表格和图表之间。图 3.10 展示了一个项目进行环境评估时可能需要经历的过程。你能看出这些视觉元素之间的逻辑吗？

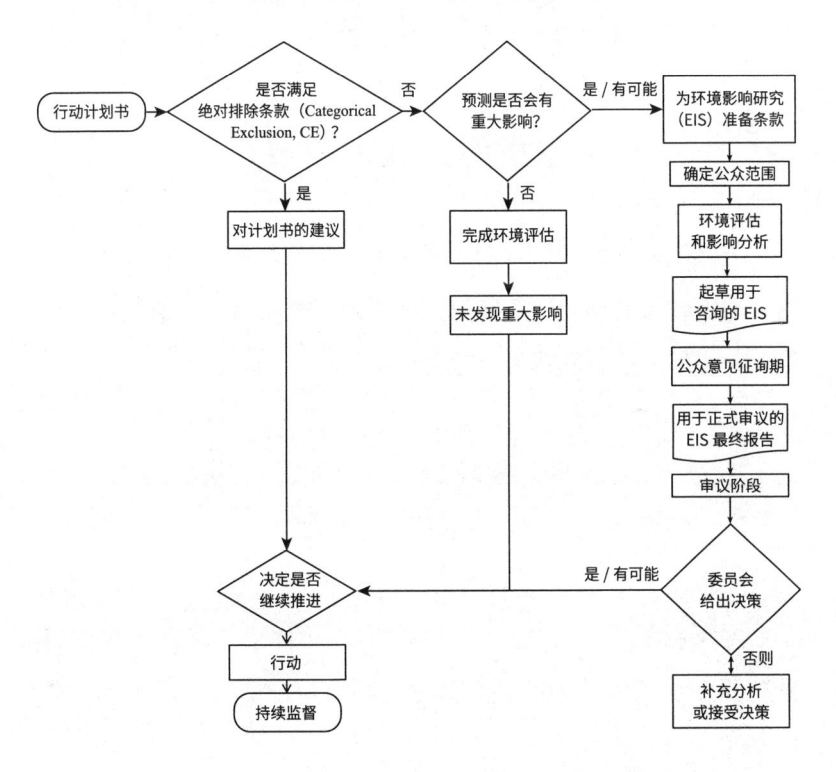

图 3.10 展示环境评估可能经过的路径的流程图

请注意，在流程图中有四种不同的形状：▭ 表示开始或结束；◇ 表示决策点；▢ 表示流程中的一个步骤；▱ 表示一个文档

图 3.10 分三栏表示三种可能的路径来进行可视化。读者可以直观看到，在向右推进的分栏中，随着矩形框的增多，流程变得越来越复杂。另外，熟悉流程图中符号的人会很迅速地看到过程中的关键决策点。不过，就像甘特图一样，流程图也需要对大量的词汇语言进行加工。

图形和图表可以将视觉和语言元素结合起来。像图 3.10 中的流程图一样，当图表包含更多语言描述时，它们能提供更高的"准确性"，但呈现出的"趋势"则会更少。

示意图：展现细节

虽然绘制华丽的信息图表通常不需工程师负责，但工程师可能需要制作或者整合一些能够阐明决策或使决策更加恰当的示意图。一张好的示意图有两个功能：

1. 它为目标读者迅速了解主要内容提供了充分的语境。
2. 它让读者能够看到决策最关键的信息。

再来看看图 3.1，它同时完成了这两件事。读者可以快速看到要点并理解其中的各个部分，甚至也能够决定尺寸相关的事宜。

通常来说，示意图可以是设计图纸、概念草图、建模的输出（如 ANSYS 或实体建模）或照片。各种类型的视觉元素都旨在提供只能通过图像传达的特定类型的信息。

设计图纸和概念草图的案例

图纸和草图提供了重要内容的核心本质信息，而不会被非必要的细节搅乱。

例 1：用绘图来进行论证

一些时候，视觉元素可以让论证更进一步，如图 3.11 所示。这张图是为一位工程师设计的，用来向一家全国连锁咖啡店的团队展示设计需求。

侧面柜台必须根据国际规范委员会（International Code Council, ICC）的《无障碍及可用建筑与设施标准》A117.1-2009 进行设计 [8]，以满足无障碍设计的要求。

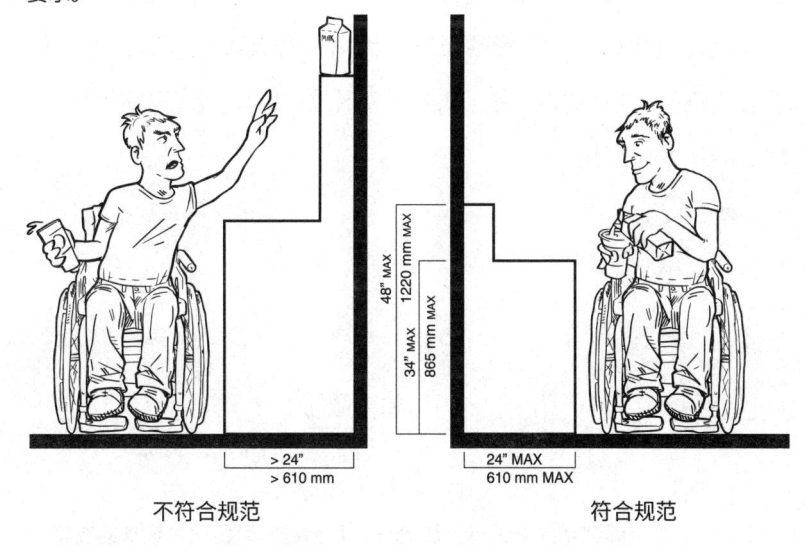

图 3.11　旨在指导设计师和承包商准备侧面柜台的示意图

这张图在两个层面上发挥作用。首先，它优雅地展示了一个"问题-解决方案"的论证，通过左图中人的沮丧和右图中人的满意来呈现论证。其次，它精确地给出了侧面柜台最大尺寸的技术信息。任何读者几乎都能立即识别出问题及其解决方案：做一个更低的台面。事实上更为重要的是，设计或建造柜台的工程师、建筑师或承包商都可以阅读图表中的关键尺寸，从而指导更为恰当的工程行动。这展现了示意图相较于文本或表格的巨大优势，因为加工处理文本或表格的内容要慢得多。

例 2：用缩放的概念示意图说明情况

图 3.12 展示了示意图的类似用法。在这个例子中，工程师正在与她的客户就矿物精炼过程中泵箱的两种不同的可能设计进行比较论证。她更推荐右侧的设计，因为这种泵箱比较短，更有利于后期维护。可以注意到，在效果对比图中我们能够识别到这一特性的速度有多快。

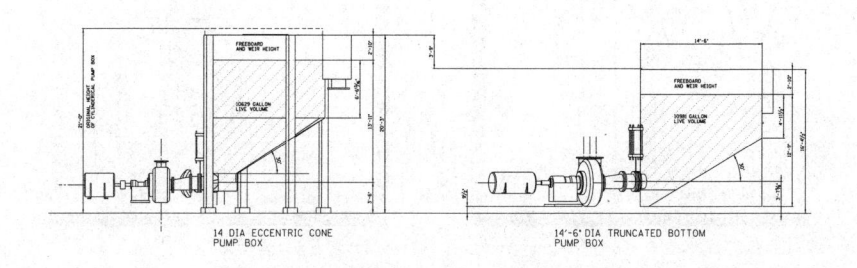

图 3.12　工程师利用图纸进行比较论证，从而根据可视化内容辅助决策

尽管对于**我们**来说，可能不容易从图中看出头绪（如果你最

近没有购买过泵箱的话），但工程师的目标读者——建造精制厂的客户，却很容易看懂所看到的图片，还能够理解在空间约束下更短的泵箱设计的意义。

这两个例子都解释了缩放图的力量——这是许多工程问题需要的关键技能。

例 3：用电路图促成决策

尽管方块图、电路图或 IT 布局图看起来与我们刚才看过的可视图表有很大差别，但它们的目的是相似的。图 3.13 来自一个电子爱好者网站。对于初学者来说，它给出了一组能够产生入侵警报的指令。

类似图 3.13 这样的图像是描述性的。这些图像不用于提出一段完整的论证，但它们确实提供了一种建议。不需要太多讨论，这张电路图给出的建议就是**让电路按照图中描述的方式工作**。

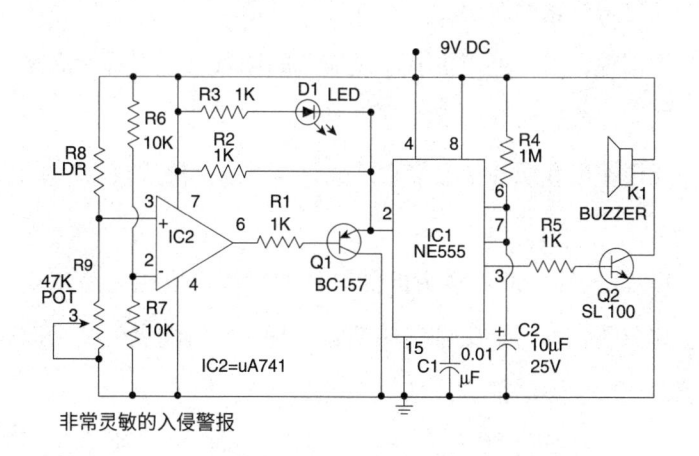

图 3.13　一个集成各种组件的简单入侵警报电路[9]

在所有的示意图中，工程师都要突出显示特定的信息，比如：存在的问题（侧边柜的例子）、差异（泵箱的例子）、解决方案（电路图的示意图）。工程师通过绘制视觉图像让读者看出信息。虽然这些图表并不能代表分析论证的所有工作，但它们能够帮助工程阐明具体的要点，从而提升读者的理解和接受程度。

建模输出和照片的案例

建模输出和照片是较为特别的理解信息的形式。建模的目的是加深我们对问题或预期结果的理解。有限元建模通常涉及动画，提供了对系统运行的动态理解。实体建模则提供尺寸和物理属性。大多数建模最好直接呈现在自己的原始设计文档中，只有这样才能操作图像展示不同角度，调整图像以满足特定约束，或制作动画来展示动作。不过，在设计报告等文档中嵌入关键的建模图像也是非常普遍的。

类似地，照片通过展示"现实"的图景，让观看者能够就某个特定问题或想法获得空间感或视角。

建模输出和照片都会带来挑战，如下三种挑战较为常见：

1. 背景等**分散注意力的细节**可能会使获取相关信息变得困难。如果我们通过放大细节来消除干扰，则可能会失去帮助观看者理解图像意义的情境信息。

2. **较差的图像质量**（例如，黑白打印件或手机摄像头的低质量图像）会削弱图片的相关性。应以观看者将接收到的格式测试你的图像质量。

3. **不完整性**。照片很少——可能永远不会给出一套完整的论证分析。与图 3.11 能够清晰地论证"问题-解决方案"不同，照片需要配合文本描述才能用于相应的论证。

无论如何，建模图像和照片还是提供了工程过程的关键内容，在促进分析和决策方面发挥着重要作用。

例 1：用建模来展示特征

图 3.14 中的例子是我的同事为了帮助大一新生学习实体建模而制作的一个简单的实体模型。它是对一个可重复使用的咖啡杯托的建模。这个模型可用于进行 3D 打印或探索设计中的特定尺寸和约束。

类似地，有限元建模可以展示系统的特征。例如，在建模时可以用颜色来表示某种属性，比如温度或表面的偏转。虽然这些图像也可能会被包含在报告中，但其真正的实质内容却是包含在建模软件中的。

图 3.14 在 OpenSCAD 中建模的"Handisleeve"杯托

例 2：作为记录现实的一种手段的照片

工程师经常使用照片作为证据，尤其是需要明确当前情况下的问题时。这在检查中尤其常见。例如，图 3.15 是罗尼（出自第一章）在检查风力发电平台的施工过程时拍摄的照片。

图 3.15 混凝土浇筑冷接缝处裸露的钢筋

虽然罗尼在他的报告中逐项列出了问题，但照片证据支持了他的案例报告，确保了承包商要对其不称职的工作负责。

制作视觉元素的启发式方法

到这个阶段，或许一些简单的启发式方法可以为使用视觉元素提供充分的指导：

- 使视觉元素足够突出，以便被选择进行进一步的加工。将注意力吸引到重要的元素上。
- 使用视觉元素来支撑论证，它们很少单独用于论证。
- 在文字中提及视觉元素，着重体现其重要含义。
- 让标题独立表达意义。许多读者会首先浏览图片和表格，所以标题会影响他们的理解。
- 将图片标题放在图片下方，表格标题置于表格上方。
- 为表格和图表编号。可以在整个文档中连续编号，也可以每个章节内部重新编号，只要保持一致的编号逻辑即可。
- 使用清晰的标注。如果图表有多个组成要素，一致的标注会显得更加重要。

… 第四章

撰写设计报告的策略

STRATEGIES FOR DESIGN REPORTS

83　　工科学生可能会写很多报告，其中占主导地位的两类就是设计报告和实验报告。本章讨论第一类报告，因为它是专业工程师**最重要**的报告结构。下一章将讨论实验报告和其他在学校中常见的报告类型。设计报告是工程中最基础的文档：它影响着工程师写什么、怎么写、怎么想。实验报告主要嵌入了科学的研究方法，而工程师主要是将科学应用于实践目的之中。这种目的在工程领域的主要工作文体——设计报告中得到记录。

设计报告之美，从本质上来说在于其普适性：其结构逻辑可以服务于许多写作作品。它可以轻松地突破学科限制，让你在许多不同的写作任务中都能清晰地表达。设计报告必须具备灵活性，以适应如下方面可能存在的差异和变化：

1. 设计的阶段——从提案到能够用于实施的最终设计。
2. 需要关注的读者——从高度专业的主管到对技术一无所知但资本雄厚的风险投资人。
3. 工程的类型。

只要我们掌握了设计报告的写作，其他相关类型的报告写作就会变得较为简单。设计报告构成了分析、建议和控制文档的基础，包含了从可行性研究到计算，从规格说明书到商业计划的各种内容。一些设计报告可能被附在简短的电子邮件中，其他一些设计报告则可能长达数百页。设计报告这一文体的特点是"四部分模式"，这种模式为设计报告提供了结构框架，也结构化了大部分的工程工作。

设计报告的逻辑结构

从根本上说，设计报告的逻辑基本可以理解为"问题-解决方案"的模式，这是很多报告中都遵循的逻辑，如图 4.1 所示。在实际应用中，很少有报告会包含所有这些组成部分。我们可以用极其不同的方式修改、截取这一基本结构：招标书侧重于定义问题，建议报告侧重于评估和建议。结构中的组成部分有时会单独用作课程作业，或变成处于开发阶段项目的行业报告。

> 第二章中的公理 5 将"问题-解决方案"模式解释为一种提高推理能力的结构。

你的公司或教授可能用其他特定的名称来命名报告中的组成部分，不过这四个组成部分已经构成了工程思维和设计报告的基本框架。设计报告中的各部分会服务于表 4.1 中列出的目的。

图 4.1 中列出的组成部分应该足够让你写出一份扎实的工程报告，当然，也可以想象到还存在其他的内容要素。中间三个部

分，即定义、描述和评估部分可能出现一些变化。例如，在一份更具分析性或研究性的报告中，问题可能成为研究问题，评估则侧重于分析研究的有效性或完备性。

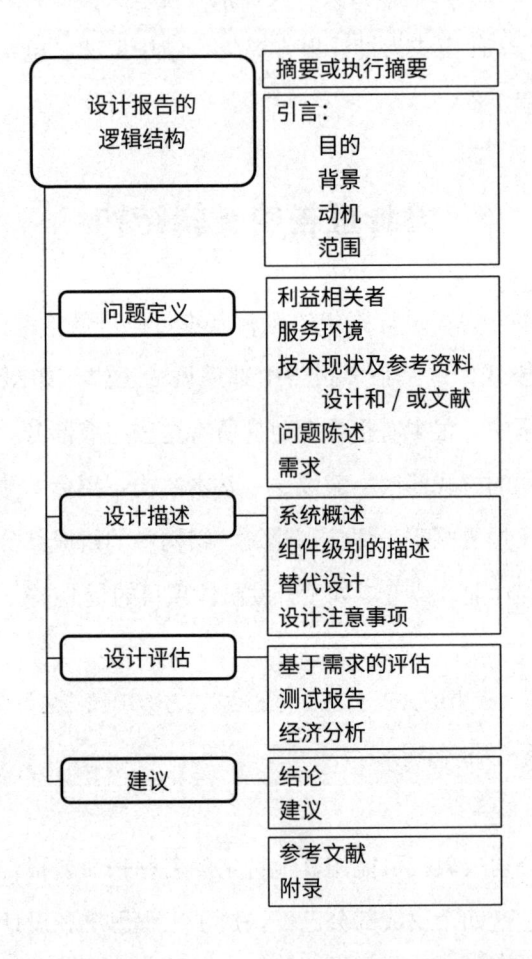

```
设计报告的         摘要或执行摘要
逻辑结构           引言：
                      目的
                      背景
                      动机
                      范围

问题定义           利益相关者
                   服务环境
                   技术现状及参考资料
                       设计和/或文献
                   问题陈述
                   需求

设计描述           系统概述
                   组件级别的描述
                   替代设计
                   设计注意事项

设计评估           基于需求的评估
                   测试报告
                   经济分析

建议               结论
                   建议

                   参考文献
                   附录
```

图 4.1 设计报告的逻辑结构及其对应的一系列报告组成部分。有时组成部分的命名会有变化，但这些内容体现了报告结构的本质

分阶段撰写设计报告

本章会逐节解释设计报告的各个组成部分。需要注意的是,因为你应当在所有工作完成后再进行总结,所以执行摘要会留到最后再介绍。

阶段 0:定好标题以表明主题和解决方案

不用过于担心标题。尽管很多人发现先列出一个标题会对提出焦点很有帮助,但通常情况下,标题在之后还会被进一步修改。

表 4.1 设计报告中各部分的目的

部分	目的
标题(Title)	明确项目
执行摘要(Executive summary)	提供面向决策者的整份报告的简要概述
引言(Introduction)	帮助读者理解文档的目的和结构编排
问题定义(Problem definition)	用工程术语确立**工程**问题,要同时考虑可能受影响者(利益相关者)和需要的条件
设计描述(Design description)	阐释为解决问题而进行的设计。可以将当前设计与替代设计进行比较。在需要时,应当同时从系统宏观层面和组件级别进行阐释
设计评估(Design evaluation)	评估设计多大程度上满足了需求。通常应当在报告的这一部分记录测试情况,可以是严格的调试,也可以验证概念原型

续表

部分	目的
建议和结论（Recommendations and conclusions）	建议下一步行动。处于早期阶段的报告主要建议下一步行动，处于后期阶段的设计报告则需要聚焦于生产、制造、市场推广的细节
收尾事项（End matters）	收集整理支持报告关键主张的材料（如原型、图纸）或提供额外的资源（如零件清单、团队资质）

一般来说，报告标题有两个组成部分：主题和具体关注点。以下是一些来自学校和行业的例子：

主题	具体关注点
地震评估（Seismic Assessment）	锅炉湿式储热循环系统（of Boiler Wet Storage Recirculation System）
钢筋混凝土规范（Concrete and Rebar Specifications）	西谷桥修复工程（for Rehabilitation of West Valley Bridge）
生产焦炉煤气（Producing Coke Oven Gas）	使用直接还原铁（Using Direct Reduced Iron）
征求建议书（Request for Solution）	唐食品银行的交付接受（for Delivery Intake at Donn Food Bank）

87　　需要关注到，前面的每个例子中，比较宽泛的主题都是为了引向更具体的关注点。

阶段 1：撰写引言以帮助读者理解框架

每种类型的文档都有引言。不过，引言是非常难写的。引言需要**实现**每个读者心中的特定期待：让读者愿意接受，帮助读者理解，集中读者的注意力。为了完成这些任务，引言必须实现四个功能。这些功能同样适用于报纸文章、学术报告或行业备忘录和广告文案。很好理解，如果想要读者投入进来，他们就**必须**了解这四个方面：

1. **陈述目的**——或者提出主要主张。这里的主张应当推动整篇文档。不同于出现在个别段落中的子主张，这个主张是读者必须接受的重点。

2. **提供背景**——需要恰到好处。作者往往会陷入读者不需要的细节，但我们确实需要提供必要的有意义的背景，帮助读者建立对问题的基本理解。

3. **揭示未知**——这一部分是最微妙的，未知的内容可以通过表述目的来体现，事实上，任何合法的文档中都有未知的内容。之所以要在引言中点明未知的部分，是因为这样可以让读者集中注意力。

4. **铺垫后文**——好的引言会提供关于后文内容的提示，以帮助读者有步骤地接收信息。

如果一篇引言能做到这四点，那它就成功了。如果没有，读者会尝试自己构建理解，这可能导致读者完全误解报告目的或者错误地构建问题背景。让我们看看这四个功能如何在报告的引言中发挥作用。

例1：一份学生撰写的招标书

这篇引言来自一门设计课程中由新生团队编写的创建更好拖地流程的招标书。回想第一章提到的，招标书是旨在定义设计问题和需求的文件——也就是说，它们专注于设计报告四部分中的第一个部分（为句子编号是为了便于引用）。

（1）本招标书寻求由于清洁工拧挤拖把而引起的重复性劳损（RSI）问题的解决方案。（2）这个问题是由在大学医院工作的清洁工发现的。（3）这些清洁工在预防感染方面发挥着关键作用。（4）当清洁工清洁病人房间时，他们必须拖地。（5）一位清洁工每天大约清洁16个房间，拖一个房间需要拧干拖把6次到9次。（6）这种日常操作需要重复用力，并且伴随着不自然、不符合人体工程学的姿势，所以可能导致重复性劳损。（7）重复性劳损不是一个独立的诊断，而是由于重复动作、不自然姿势、持续用力和其他风险因素引起的肌肉骨骼损伤的总称。（8）因此，改进这一流程应该能减少重复性劳损的潜在风险。（9）

陈述目的： 主张出现在句子（1）——寻求问题的解决方案，从而让报告直接进入正题。

提供背景： 从目的中自然而然引出的问题是"为什么？"句子（2）—（6）结合现实情景解释了问题的来源。之后，句子（7）对重复性劳损进行了解释。

揭示未知： 句子（8）强调了解决方案的必要性。

本提案阐释了当前的拖地模式，描述了最常见的重复性劳损并发症，并为解决方案提出了一系列需求。	铺垫后文：句子（9）对后文的结构进行了概述。

拖把招标书的例子明确地体现了引言的四个功能，为读者清晰且有意义地理解报告内容奠定了基础。

例2：一份物流运输报告

这篇引言是一位土木工程师撰写的。报告在实现四个功能的方面存在一定问题，将大部分工作都留给了读者自己。请读一下这篇引言，之后看看你能否回答后面的问题。

> 为了对基茨奇特拉（Quitzchitla）矿区的设备运输的物流问题进行概念抽象，托雷斯（Torres）开展了各种物流运输的研究。这些资料大多是西班牙文的，为了开展后续规划和物流工作，必须将资料翻译成英文。目前的主要信息来源是伊涅斯塔物流公司（Iniesta Logistics）于2011年发表的一份报告。补充的参考文献包括埃尔南德斯运输公司（Hernández Transport）的一份报告和法布雷加斯全球运输公司（Fàbregas Transporte Mundiale）的互动展示。这三项研究都解释了港口到矿山沿线上潜在运输约束的细节和限制。

如果这篇引言是有效的，你应该能够较为容易地回答下面四个问题。试试看：

- 这份报告的目的是什么？
- 读者不知道的内容是什么？
- 为什么这些背景介绍和报告有关？
- 这份报告接下来会写什么？

我们当然可以尝试回答这些问题，甚至有回答正确的可能性。这份引言是有具体内容的，只是组织方式没能帮读者做好准备。如果能够直接简单地回答四个问题，修订后的引言版本就会清晰很多。

本报告提供了从安杜埃瓦港（the port of Anduelva）到基茨奇特拉矿区的设备运输路径规划及其替代方案。由于地形多山和桥梁承载能力有限，在这条路线上运输重型设备是比较复杂的。报告中提出的路线基于托雷斯提供的运输报告。由于三份主要参考资料原文为西班牙语，因此为了规划和物流目的，资料已经翻译成英语。这三项研究都解释了从港口到矿区沿线上潜在运输约束的细节和限制。本报告记录了从港口到矿区的路径规划，部分是为了确立载荷重量、高度和宽度的限制。	目的是什么？	给出路径规划方案
	读者不知道的内容是什么？	路径规划及替代方案
	哪些背景与报告相关？	规划路径时考虑的因素
	后续报告会有什么内容？	从港口开始到矿区的路径规划方案

修改后的版本实现了引言的四个功能,让读者理解、接受并且专注于内容。

例3:一份经济可行性分析

还有一个例子以不同的顺序实现了四个功能,值得我们关注。这是一份相关项目的经济分析报告。

(1)2014年4月24日,托雷斯公司(Torres Co.)要求对一个可以通过炭浸法(Carbon-in-Leach Gold Recovery, CIL)每天回收31,500吨黄金的工厂进行可行性研究。(2)由于在预可行性研究中未对具有当前产能的工厂进行过分析,因此,为了建立一个用于成本差异趋势追踪的基准线估算,本报告进行了一项范围级别的资本成本估算。	提供背景:句子(1)给出了项目背景以明确这份报告的必要性。
	揭示未知:句子(2)指出之前从未有人对具有当前产能的工厂进行过可行性分析。
(3)本报告汇总了直接成本、现场间接成本、项目间接成本、意外费用和所适用的税费。(4)报告也对估算基础和估算方法进行了简要讨论。	提出主张:这份报告的目的是汇总成本以进行"基准线"的可行性分析。有两句话表明了这个主张:句子(3)界定了目的,句子(4)指明了结构。
	铺垫后文:句子(3)和(4)给出了成本汇总中包含的元素。

需要注意的是,这份引言在实现四种功能时使用了与前面案例不同的顺序。这样也是很好的。**这些功能并没有规定的顺序。**在阐明目的之前进行过多的背景介绍可能会让读者感到困惑或失

去兴趣，但本例中的前两句话并没有引起这种困扰。还可以注意到，作者将这份简要的引言切分为了两个简短的段落，这样可以确保开展基准线可行性分析这一目的不被埋没在段落之中。

当报告是为了提出一个问题时

工程师经常写比较短的消息——通常是电子邮件——来提出问题。我们可能会好奇这四个功能在这种情况下是否也适用。答案是肯定的。唯一的变化是，在邮件中发件人才是拥有"未知"的人。事实上，发件人存在"未知"这一点，对这类消息的清晰性至关重要。这里有一个例子：

致：穆罕默德·拉布（Mohammed Rabu）
邮件主题：寻求关于新的管道支架的帮助

> 邮件主题点明了目的——寻求帮助。它也预告了后文内容：请求帮助。

穆罕默德：

您好。

您是否能够简单介绍一下 1027 号罐的管道支架情况？

您是否能给我发一下新的管道支架的草图/图纸？

根据我在罐体上看到的情况，我有点担心当前的管道支架太短了，也可能位置不太对，具体可以查看附件中的照片。

> 作者立刻提出了他的问题。在阐明目的的同时，他也揭示了未知：当前支架的设计是不是对的？

承包方已经将支架临时焊接到了罐体上，正在等待最终焊接的指令。

> 提出请求后，他提供了需要图纸的背景——当前罐体支架的位置可能不对，但承包方马上就要完全焊死支架了。

谢谢！

拉蒙（Ramon）

请注意，在如此简短的报告中也包含了引言的元素，即使只是快速地呈现。我们不能忽视引言的功能，这就是引言**需要做的事情**。

阶段2：定义问题以为解决方案做准备

本节主要是从设计工作的角度出发，来阐释问题定义的含义。不过，正如第二章讨论"问题-解决方案"的模式时所指出的，在很多工程工作中问题定义的逻辑都是最为基础的。

即使你写的内容可能并不是设计报告，你仍可以考虑如下五个与定义相关的问题从而获得启发：

1. 理解利益相关者——谁会受到影响，影响程度如何？
2. 界定范围——我们做什么（和不做什么）的边界是什么？
3. 描述服务环境——这个设计在什么情境下必须是有效的？
4. 利用过往解决方案、参考设计和文献——以前曾经做过那些工作，效果如何？

5. 定义需求——解决方案必须满足的标准是什么？

第一个和最后一个问题是最重要的：如果理解利益相关者，我就能够控制问题的范围并明确服务环境。如果我很好地定义了需求，问题的范围和服务环境也就被限定好了。此外，需求还使文档的其余部分成为可能。它们定义了解决方案必须解决的问题，并确定了评估该解决方案的指标。

参考设计或文献综述的重要性因项目而异。一般来说，这一步是定义需求的前提。在简单的问题中，比如学生的软件实验项目中，梳理过往设计可能不如单纯地理解你使用的软件工具（例如 C# 或 C++）重要。但在更实质性的设计挑战中，了解过往的设计不仅能节省许多工作时间，还能确保你没有侵犯他人的专利权。事实上，你可能只是想要借鉴某个专利的想法（参见第六章关于专利检索和文献综述的部分）。

理解利益相关者

什么叫作"理解"利益相关者？这取决于如何定义利益相关者。回顾在引言部分我们提到的拖地相关的招标书。在这个问题里，谁是利益相关者？图 4.2 中画出了利益相关者。

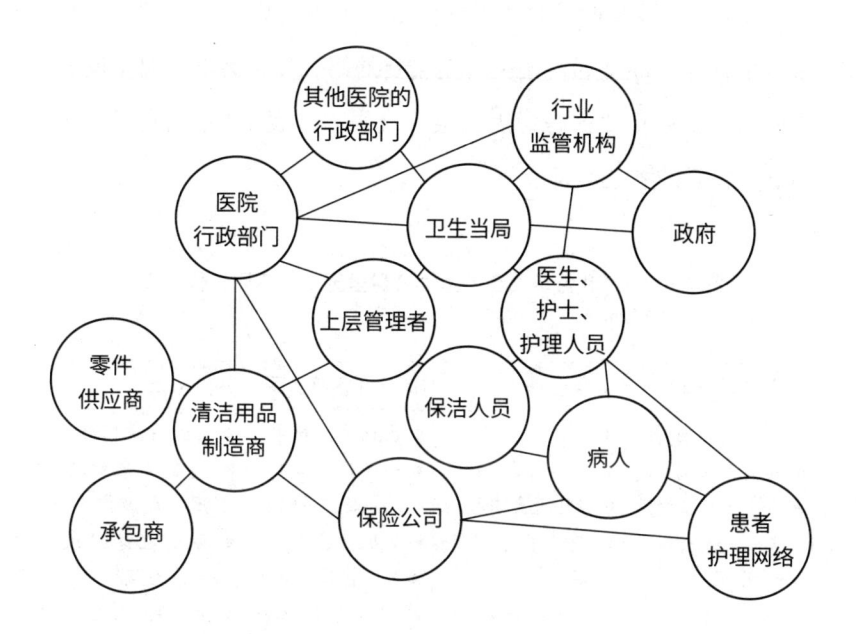

图 4.2　房间清洁问题中主要利益相关者间的关系示意图

尝试按以下方式对图 4.2 进行颜色编码：

- 绿色代表控制金钱的人。
- 金色代表拥有决策权的人。
- 蓝色代表接触产品的人。

可以注意到，保洁人员既没有权力也没有钱。此外，那些有钱有势的群体则几乎不与保洁人员或产品直接互动。尽管保洁人员在上述网络中处于中心位置，他们却不能控制整体的情况。他们并不对拖地流程或各种各样的保洁工具进行决策。

图 4.2 告诉我们**谁**是利益相关者,但没有说明这些利益是**什么**。尽管确定**谁**是利益相关者是重要的第一步,但随着对不同利益的探讨,更重要的考虑因素会浮现出来。表 4.2 中列出了四个利益相关者的利益考量。

表 4.2 四个利益相关者的主要考量呈现出了不同的优先级

医院行政部门	上层管理者	清洁用品制造商	保洁人员
● 达到清洁标准 ● 实现财务目标 ● 最小化员工投诉 ● 最小化患者投诉 ● 最小化感染和污染 ● 表现优于竞争对手医院 ● 保持与保险公司的关系 ● 保持与卫生当局的关系 ● 保留高质量的医生和护士	● 达到清洁标准 ● 最小化员工投诉 ● 最小化患者投诉 ● 最小化感染和污染 ● 管理下属职员 ● 满足层层需求 ● 感受良好团队带来的满意度 ● 确保清洁用品充足 ● 确保职员有基本的工作表现 ● 培训清洁人员	● 达到清洁标准 ● 确保产品盈利 ● 最小化客户投诉 ● 降低生产成本 ● 最小化产品竞争 ● 建立长期客户关系 ● 确保符合标准 ● 创造可申请专利的产品	● 达到清洁标准 ● 按照要求的速度完成工作 ● 最小化疼痛或潜在伤害 ● 最小化主管投诉 ● 感受到满足感 ● 感受到使命感或自主性

从表 4.2 中我们可以观察到四点:

1. 这些团体很少有共同的目标。
2. 许多目标涉及避免负面后果。
3. 只有保洁人员关心受伤的潜在风险,尽管他们的主管确实希望尽量减少员工投诉并简化培训。

4. 利益相关者自己可能无法明确表达他们的需求。

最后这一点至关重要。例如，关于满足感、使命感和自主性这几点，并不出自与保洁人员的直接沟通，而是来自工作满意度的心理学研究[1]。尽管某些利益相关者可能可以用语言表达他们的需求，但大多数利益相关者无法完全表达他们的"利益"。有太多有潜力的设计项目因为盲目遵循利益相关者"**已经说出了他们的诉求**"而偏离轨道。这最终导致利益相关者的可接受性仅仅是评估标准中的一项——是一项很重要的标准，但也只占一项。

以下是理解利益相关者的四个基本原则：

- 尽可能多地考虑更多利益相关者。考虑更多的利益相关者可以让你对项目的利害关系有更丰富、更复杂的理解。
- 使用直接互动和开展研究相结合的方法，对每个独特的利益相关者群体形成深入的理解。
- 开发用例场景（见第六章）以帮助描述在设计中某人特定的具体利益。
- 不要仅仅遵循利益相关者所陈述的目标，除非你确信该利益相关者具备相关知识。

界定范围

关于"范围"的章节（或界定范围的句子）的目标是划清项目的界限。在很多高级设计项目中，学生在界定他们的工作时，会解释他们直接获取的部分（例如，谷歌眼镜、软件开发工具包 [SDK]）和他们正在设计的内容（例如，一个应用程序、一个工作原型）。或者，需要限定好应用程序是为 Android 而不是为 iPhone 开发的。在专业的工作中，界定范围为工程师的责任划定了界限（也确定了需要支付的内容）。

描述服务环境

有时，设计报告需要讨论使用环境。例如，如果你正在开发一款跑步健身应用程序，它需要利用智能手机内置的 GPS 和加速度计，那么服务环境就被限制在具有特定功能的特定手机上。基本上，你可以在考虑服务环境时，想象要回答这样的问题："这个设计将在哪里使用？"和"使用它的限制性需求是什么？"。

利用过往解决方案、参考设计和文献

许多学生的设计都建立在过往的工作基础上，无论是以前的学生项目还是成熟的商业实体。他们需要确立"技术现状"——在特定领域目前已知的情况。这种"现状"可能包括研究文章、与个人或组织的咨询、对问题的过往解决方案的回顾或对专利的回顾。在第五章和第六章中会分别讨论这些要点。

阶段 3：定义需求

设计报告中最具挑战性的部分可能是定义需求。在工业中，这个部分通常会变成一个单独的文档，即"规格说明书"。它会

被提供给基于规范中的要求进行投标的供应商。

在设计报告中,需求包括第一章中介绍的四个组成部分(见图 1.2):

1. 目标:设计必须达到的目标。
2. 指标:衡量目标是否达成的方法。
3. 约束:不能违反的限制或界限。
4. 标准:使设计更受青睐的因素。

在不同的语境中,这四个术语可能会被拓展或者被赋以其他的名称,但它们提供了一个灵活描述需求的模型。

表 4.3 列出了拖地招标书的部分需求。团队将主要目标划分为详细目标,且每个目标至少有一个指标、标准、约束和理由(通常以军用标准的形式)。

这个表格为需求元素之间的关系的可视化提供了一种很好的方式。单一的目标(1)被聚焦为能够用指标衡量的更详细的目标(1.1 到 1.4)。从逻辑上看,这些指标既指向一个标准("更好"的方向),也指向一个约束(任何可接受的设计都要满足的界限)。

值得注意的是,基于这份招标书而开发的最具创新性的设计没有回应详细目标 1.2 和 1.4(该设计将在下文和第五章中讨论)。相反地,这个项目解决了施加的力(1.1)和工作姿势(1.3)的问题。通过这种方式,尽管用户仍然需要举起相同次数的拖把,但该设计减少了拧干拖把的潜在劳损,从而实现了高层级的目标。因此，即使需求非常正式和**必要**，但在比较开放的设计环境中还是能够保持一定的灵活性。

表 4.3　学生设计团队的拖把招标书中一部分需求的汇总

目标	标准		约束
	指标	倾向	
1. 减少拖地相关的重复性劳损伤害			
1.1 最小化使用者拧干时所需的力	人的手臂施加的平均力（单位：N）	越小越好	比当前施加的力小。根据 MILSTD-1472D 标准，施加的力需要小于 100N
1.2 最小化拧干的次数	● 每天拧干的次数 ● 如果提案是关于拧干流程的，目标就能实现	越少越好	每天少于 86 次（在当前估计的 96 次/天的基础上减少 10%）
1.3 改善姿势	提出的解决方案中，工作高度与建议高度之间的差异（附录 B）	越小越好	根据 MILSTD-1472D 标准（附录 B 中概述），所提出的解决方案的工作高度与建议的工作高度之间的差异应小于 0.5 米
1.4 减轻清洗工作的重量（包括水的重量）	提出的解决方案中，人平均举起的重量（单位：N）	越轻越好	基于当前可获取的参考设计，应低于 36N

如何撰写需求

你可以按照这五个步骤撰写需求：

1. 确定高层**目标**。你可以从两个方面来考虑这个问题：

   a. 功能目标：设计必须**做**什么？如果你像很多学生常做的那样，在完成设计后才写设计报告，你当然可以很容易地重写（或者伪造）这一点。然而，在专业的设计环境中，需求是为了确定设计作品，因此你需要仔细考虑设计的功能（在此过程中增加功能是可能的，但代价高昂）。[1]

   b. 非功能目标：设计必须**具备**什么？有些人发现将成本或材料选择等目标从"功能"中分离出来是很有用的。这些非功能性目标同样重要，成功的设计需要实现这些目标。一些非功能性目标可能包括为环境而设计、为可制造性而设计、为极低成本而设计等。虽然未能满足这些目标的设计也可能"在功能上可行"，但它不会满足这些目标。

   一些设计师基于道德或理性的理由拒绝"功能与非功能"的区分，因为这倾向于优先考虑"做点什么"并减少对可回收性或能效等事项的关注。坚持平等地看待所有目标可以让设计更合乎道德、更具可持续性或更完整。无论你选择哪种工作方式，都要确保你考虑了所有的目标。

2. 将目标拆解成**详细**的层次。因此，如果想减少拖地带来的重复性损伤，我可以减轻需要举起的重量，也可以减少重复动作的次数。详细的目标应该在某种程度上是可测量的，因此这一步不能与下一步完全分开。

3. 为每个详细目标定义**指标**。一个恰当的详细目标应该是可量化的，无论是通过测量和计算，还是心理学测量和用户反馈。这些通常需要进行研究。在拖把招标书中，许多指标出自军用标准（MILSTD-1472D）。

4. 确定界限。**约束**形成了决策的界线：好/坏，接受/拒绝。不符合约束条件的设计会被排除在外。为了让约束有意义，建立约束的时候应当基于可用的测量手段。例如，一个高频响应范围高达 28 kHz 的音乐扬声器并不比 20 kHz 的扬声器好，因为人耳无法探测到超过这个范围的声音（人们可以为狗或海豚制作扬声器，但这样的扬声器应当单独设置规范）。

5. 定义**标准**。标准决定怎样是"更好"。因此，对于扬声器设计来说，"更好"意味着更接近填补 20 Hz 到 20 kHz 之间的频率范围。例如，不能播放低于 400 Hz 的声音的扬声系统将缺乏低音或混响的感觉，而不能超过 10 kHz 的扬声系统听起来会沉闷而平淡。这两种情况对大多数听众来说都是不可接受的。然而，"20 到 20"这个范围是理想的状态。一个"更好"的系统，是更接近这个范围的系统。通过定义标准，设计师可以建立一种评估不同可接受设计的方法。

因此，在定义需求时，你需要完成如下几项工作：

- 确定目标。
- 将目标拆解为可实现、可衡量的详细目标。
- 为每个详细目标定义一个或多个衡量标准。

- 建立一个或多个"不比这更差"的约束条件。
- 定义一个"这样看起来更好"的标准。

阶段 4：描述设计以解释解决方案的细节

在第二章中，我们讨论了描述所遵循的三个主要模式。到目前这一步，我们需要理解描述在设计报告中的作用。通常，解决方案的描述会作为一个独立的部分出现，不需要划分为子部分。不过，我们可以将描述的任务细分为四个要素。

系统概述提供了设计的宏观描述。

组件级别的描述提供了细节。把这两者结合起来就形成了从一般到具体的描述方法。以下是一份学生报告中关于割草机配件的例子：

石块收集器是一个简单的 V 形配件，安装在割草机的前部，可防止石块或碎片卡在割草机的刀片上。这个收集器有三个显著特点：通用的配件连接机制、确保不会压扁草坪的"梳子"结构，以及偏移的 V 形角度，可以将 70% 的碎石移动到已经修剪过的区域。	第一句描述了装置的整体性质。 第二句列出了三个关键要素并进行了更详细的描述。

替代设计或**其他设计考虑因素**也可以在描述部分讨论或单独处理。有时这些内容会被充分讨论，不过大部分时候只是被简单

提及，就像例子中割草机报告后面的部分这样：

"梳子"结构的设计主要需要考虑两点——材料选择和梳子尺寸。关键材料的选择集中在铸铝或模压高密度聚乙烯（HDPE）上。选择铝是因为……	第一句提出了某个组件的两个设计考虑因素。 第二句列出了可选的材料。报告后面将解释为什么铝更好。

在更复杂的报告中，替代方案和设计考虑因素自身可能成为报告的子部分，也可能每个组件都有自己的子部分。

从根本上说，设计描述需要让读者对解决方案有一个良好的理解，无论是在宏观概述层面（面向不关注细节的读者），还是在更详细的层面（面向关注细节的读者）。

阶段 5：评估设计或解决方案

每个解决方案都需要证明其性能，简单来说就是要证明其满足需求。更复杂一点，一个设计要在各种类型的测试中证明其功能或满足需求的能力。例如，Icon A5 运动飞机的开发者需要展示他们新飞机机身的浮力和空气动力学特征，因此他们用木头制作了一个原型。最终产品不会是木制的，不过遵循的空气动力学是相同的。原型机经过一整天的测试被水浸透了，但它已经证明了概念的可行性。测试可以像对 Icon A5 的测试一样展示特定特性，也可以展示设计的整体性能。

基于需求的评估

通常，工程师只会报告主要的需求，而不是所有的标准（例如，第二章的"开关柜"示例只报告了特定设计如何未能满足标准）。然而，大多数的学生报告应该报告所有需求的情况，以证明学生已经应对了整个设计挑战。如果需求已经被一致且清晰地列出，那么报告也可以用表格或列表的形式呈现。表4.4展示了为拖地问题提出解决方案的设计团队的情况。

测试报告

使用测试来评估设计（超出需求规定的测试）意味着需要一个更为复杂的过程。通常，当需求缺乏具体性，或者设计提供了需求未考虑的解决方案时，评估时会倾向于使用测试的方式。本质上，每个测试都像是一份小型实验室报告，表明测试足够有效（不一定是完美的），能产生有用的结果：

1. 将测试定义为要展示特定的目标（目的）。
2. 如果测试方法不是标准的，描述测试的方法（方法）。
3. 解释原型测试的结果（结果）。
4. 讨论设计或原型表现的关键问题，分析其表现是否为设计提供了有效支持（讨论）。

表 4.4　减少拖地过程中重复性劳损的拟议设计的表现

详细目标	The PowerWring 的设计	
1. 减少拖地相关的重复性劳损伤害		评估应当清晰地提示设计需求。
1.1 最小化使用者拧干时所需的力	PowerWring 的设计利用拖把杆的杠杆作用，将拧干拖把所需的力量减少了 75%。	针对 1.1，该设计直接主张比原有拖把拧干设计有量化的改进。
1.2 最小化拧干的次数	PowerWring 的设计不改变拧干次数；然而，当前目标只是减少重复性劳损伤害的一种方式。	目标 1.2 没有被考虑，因为在不改变拧干次数的情况下已经减少了重复性劳损。
1.3 改善姿势	PowerWring 的设计通过实现符合标准的工作高度来改善姿势，消除了弯腰的需求，也允许用双手握住拖把。	该报告聚焦于当前设计如何符合标准，以改善姿势。
1.4 减轻清洗工作的重量（包括水的重量）	PowerWring 的设计不减轻工作时的重量，但其分散了承重负荷并改善了提起拖把的姿势。这样一来，工作重量不再是个问题。	类似 1.2，设计师们对这条目标提出了不同看法。

通常，这类测试报告不用拘泥于实验室报告的形式，但我们可以在设计报告的结构中看到相关内容。下面我们考虑一个计算过程的执行摘要，它以一种实验报告的形式证明了特定设计决策的合理性：

这里的计算过程展示了在马斯特顿（Mastedon）氧化铝精炼厂澄清区的凯利式叶滤机倾卸泥浆泵的详细情况，计算是用 Freedom 软件完成的。输入数据由现有的设计框架提供（相关假设在第 2 节）。计算结果显示，古尔德（Gould）5500 型泵以 550GPM[①] 的性能超过了其他泵。因此，建议的泵如下：

> 目标是为系统确定更合适的泵。

> 计算是利用软件进行的，这是一个标准流程。不过像往常一样，需要进行一些假设。

> 结果里面只提到了最成功的泵，标注了其流速。

- 制造商　　　　古尔德（Gould）
- 型　号　　　　4X6-15
- 叶轮直径　　　15 英寸[②]
- 驱动方式　　　直驱
- 电机功率　　　10HP
- 电机转速　　　400rpm
- 变速驱动　　　是

> 讨论和结论被合并到对泵和详细规格的建议中，所以管理者不需要阅读整个计算过程。

在这个例子中，测试涉及标准的软件建模，但需求较为模糊："哪台泵最好？"为了回答这个问题，工程师必须基于目的、性能和一些假设来确立"最好"的含义。

无论你是根据需求进行直接评估还是进行测试，评估都是工

---

① 1GPM＝0.2728 立方米每小时。——编者注
② 1 英寸＝0.0254 米。——编者注

程设计报告的重要组成部分。事实上，正如泥浆泵的例子所示，有时这个部分构成了报告的全部内容。

经济分析

学生项目通常不需要严肃的经济分析，但大多数专业项目需要。经济分析遵循与前面看到的分析相同的流程。基于需求（预算）对项目进行衡量，并找出弱点（无论是时间方面还是资本投入方面，注意，时间也可以量化为金钱）。针对可能出现的经济问题，可在建议部分提出缓解措施。

阶段6：为下一步提出建议

由于工程学侧重于完成任务而非仅仅找到正确答案，因此报告需要包含建议。建议通常有两种形式：

1. 实施类的建议会说"就这样做"。上面的泵的例子就是一个很好的示例：读者只需要从古尔德公司订购泵。

2. 后续步骤类的建议则关注未来的项目执行者需要做什么才能继续推进项目。它们在学生报告或工程领域的持续项目中更为常见。后续步骤越清晰，未来团队可能取得的进展就越大。

无论你提出何种建议，我都有以下三点建议：

1. **建议需要简短**。重要的论证应该在报告前面的部分已经出现。如果你说得太多,重点可能会丢失。

2. **建议需要进行排序**。控制逻辑应当是如下三种之一:

- 从最重要到最不重要。
- 从短期(即,现在就要做这件事)到长期。
- 按照操作顺序(即,你必须先做这个才能做那个)。

3. **尽可能使用祈使句**。建议是一份报告中能够恰当地对人们发号施令的地方之一,甚至可以对你的老板或客户这样做。只有当你对建议有不确定性时,你才可以不"发布命令"。

提示:留意上面的内容是如何通过**加粗**来凸显关键建议的。我仍然可以为这些关键建议提供解释。你也可以这样做,只是要注意解释的内容应当简短。

阶段 7:用执行摘要来收尾

执行摘要通常在目录之前出现,是读者首先看到的内容,因此它扮演着非常重要的角色,其目的是以一种便于决策者理解的方式总结报告的关键信息。新手作者经常会犯一个错误,就是试图从写摘要开始。他们常常不可避免地写出一份笨拙的引言。只有当你有东西可总结的时候,你才能进行总结。你不能凝练不存在的内容。**最后再写摘要**。

执行摘要通常等同于摘要,因为两者都是总结。简单来讲:

- 执行摘要是给决策者看的。
- 摘要是给学者看的。

这意味着它们因目标读者不同而有所不同。两者的目的都是将报告内容凝练成几句话，或最多几段文字。我们将在第五章讨论实验报告时更详细地探讨摘要，但在此，我们可以对这两种形式进行比较。

无论需要哪一种，它们都有共同的目的，只是提问的角度略有不同。

	执行摘要	摘要
背景	回答"这是关于什么的？"或"你为什么要做这项工作？"	
目的	陈述主要主张，通常不是一个假设	陈述主要主张或假设
结论或产出	描述解决方案（一个或多个）	回答"主要发现是什么？"
讨论或评估	专注于满足需求：它是否符合规范？是否在预算之内？是否可行？	解释研究发现的意义；回答"那又怎样？"的问题
结论和建议	通过回答"读者应当用这些知识做什么？"的问题来说明决策或行动	通过回答"我们现在能更有把握地说什么？"将讨论与假设联系起来
可选部分	预算或成本信息	方法——你是如何做的？ 改进——如何能做得更好？ 误差来源——有哪些因素？

执行摘要：面向更广泛的读者

大多数超过三页的行业报告都以执行摘要开头。执行摘要回答五个问题：

1. **背景**：读者需要什么？这可能是项目的背景（例如，软件开发阶段），或者是一个关键的工程概念或原理（例如，设计依据）。

2. **目的**：目的为报告设定了重点，通常用一句话来表述（你往往可以从引言中复制粘贴）。

3. **结果或解决方案**：通常解决方案或设计描述（或选项）会用一两句话简要说明。

4. **讨论或评估**：执行摘要通常关注一些重要的问题：它符合规范吗？是否在预算范围内？可行吗？

5. **建议**：工程报告靠建议来驱动。即使只是说继续执行下周的计划，这些建议也应当出现在执行摘要中。

你可以在一系列不同工程主题的执行摘要中看到这些组成部分的作用，但只需一个例子可能就足够了。它来自一位在地下矿井内修建道路的结构工程师。

天天咨询公司（Tiantian Consultants）被要求确定申达矿（Shen Dà Mine）7000阶段的路基需求。目前的路基横断面有两层不同材料，要求在 15—30 厘米的底基层材料上铺设 15 厘米的基层材料。对于这两层路基的建议如下：

> **背景**解释了需求如何与当前情况匹配。

> **目的**是预先说明的：按照客户要求，"确定……需求"。

底基层材料应采用类似于在 4000 阶段使用的效果较好的**过滤后的开采土方**。

基层材料应购买**颗粒状 A 材料**，通过主笼从地面送到地下 6000 阶段。

可从 6000 阶段实施钻孔系统，将材料送至矿井下部。

> **建议**形成了摘要里面最多的部分。
>
> **评估**用"类似于……"的方式嵌入了第 1 条建议中，但没有为第 2 条建议提出特别的要求。

这个例子表明，执行摘要不需要遵循特定的格式；相反，它需要反映报告的目标。当成本是一项考虑时（通常是这样），执行摘要需要概括底线成本。高管可能只阅读摘要而不必阅读整个报告。表面上看，这似乎有些不负责任；然而，如果这位高管能够信任她的下属——比如在报告上署名的工程师——那么她应该能够从摘要中吸收信息以做出决策。只有她需要被说服接受建议（比如当这些建议需要大量资金的时候），她才需要阅读报告。

下面是撰写有效的执行摘要的三条准则：

- 基本组成元素包括目的、背景、必要时的讨论、建议，但这些可以根据需要进行安排。
- 确保摘要能够让读者理解需要做出什么决定，并对决定应该是什么有一个清晰概念。
- 在涉及预算的情况下，通常要在接近结尾的部分给出总体数据。

> **将执行摘要和引言组合引发的问题**
>
> 一些公司的模板会将执行摘要和引言结合在一起。这是一个错误的方式。摘要因为要完成引言的工作而缺失了。因此,建议被随之削弱了。如果你能调整模板,**让两者分开来**,那就这样去做吧。或者,在这个章节中为建议的内容**单独设置一个小标题**。即使你公司的"模板督查"来问责,你的客户也会因为你的清晰表述、特别是执行摘要中建议部分的清晰表述而感激你的。

关于撰写设计报告的最终建议

本章涵盖了一份基本的设计报告中最常见的组成部分。当然,你的工作情境——课堂、教授、工作或主管——将会要求报告在结构上有所变化。但有了本章中逐项的方法概述,你应该能够根据需要进行调整。

以下是避免常见陷阱的六条最终建议:

- 最后再编写执行摘要。
- 一开始就明确你的目的。在写作过程中不断细化它,也要经常回顾它并让它来指导你的写作。
- 使用标题。让标题和编号帮助你(和读者)跟上进度。(我们将在第七章详细讨论这个问题。)
- 在各个部分的开始,请概述后文内容和你将要建立的主张。如果这些内容非常隐蔽（或者被省略），你会引起读者的混淆。

- 对图表建立索引。本章主要关注文字和组成部分，但第三章中视觉元素的内容仍然是报告的一部分。
- 如果你没有给出建议，你就错过了重点。需要回过头重新考虑。

处理报告中的标题

标题可以简单地分为两类：通用型和信息型。

- 通用型标题是一般性的，如引言、建议或设计概述（见表4.1 左列设计报告中的通用标题）。注意，这些词可能出现在任何设计报告中，但它们确实是报告的组织结构的强有力指示。
- 信息型标题是针对特定报告的需要而拟定的，例如"定义石块收集器的特征"。这样的标题告诉读者在接下来的章节中会看到什么。实际上，这个标题本身就让我们知道石块收集器具有明确的特征。

在任何规模的报告中，我们都可能同时使用这两种标题类型。通常，通用型标题构成更高级别的标题，帮助读者浏览预期中的内容编排，而信息型标题则作为小标题，让读者能够快速获取信息。模板通常会提供通用型标题，我们需要对标题进行定制以提供适当的信息。

第五章

撰写实验报告、文献综述和海报的策略

STRATEGIES FOR LAB REPORTS, LITERATURE REVIEWS, AND POSTERS

本章探讨如何准备三种常见的学术文体：实验报告、文献综述和海报。虽然专业工程师也会开展实验工作、对文献进行综述，偶尔还会进行海报展示，但这三种类型的写作通常仅限于学校环境中。实验室工作往往用于分析结果（正如我们在第二章末尾卢克的例子中看到的那样），提出新的想法，或者证明特定规范的合理性。然而，通常情况下，这些活动一般需要采用设计报告的结构。

撰写实验报告

实验报告以标准格式呈现研究成果，通常来自单个实验或测试，目标读者是具有该领域知识的读者，例如研究小组成员、教授或合作工程师。撰写实验报告是科学家的**工作方式**。大多数工程师都以学生身份写过一定数量的实验报告。通常，实验报告是在实验或测试完成后立刻撰写的，但在专业工程项目中，实验报告中的关键信息会直接嵌入设计报告等篇幅更长的文档中。

基于第四章中解释的设计报告结构的灵活性，我们可以看到实验报告是如何使用设计报告中的一些组成部分的。实验报告最重要的特点是能够体现分析性思维的过程——科学方法。从根本上说，这种方法导向了实验报告的基础结构：**引言**、**方法**、**结果**和**讨论**。也许你已经听说过 IMRaD 这一用来记住科学方法的记忆口诀。这是一种保持实验报告逻辑的较为方便的方法。

引入假设和理论

引入实验报告应该简洁明了。虽然引言仍然需要实现第四章中讨论的四个功能，但你不需要过分强调这一点。以下是一个例子：

> 实验的目的是让受试者在一系列条件下判断线的长度，以测试缪勒-莱尔错觉（Müller-Lyer illusion）。

这个简单的陈述包含了目的（测试）、未知（错觉是否成立？）和一些背景（判断线的长度）。可以提供更多的背景，但根据情况，这可能是不必要的。尽管并没有直接点明，但在这个实验目的中嵌入了一个假设，即缪勒-莱尔错觉确实成立。

通常，引言还会引入一个关键的理论概念——比如缪勒-莱尔错觉[1]是什么——以证明作者有足够的知识，值得信任。

解释方法

在大多数学校环境中，方法可以是操作步骤的编号列表，或者更简单地，也可直接引用实验手册。在工业中，通常需要对测试方法进行仔细描述——同样是一步一步地描述，以确保读者可以相信结果的可重现性。

实验报告中动词时态的挑战

在英文实验报告中，特别是在引言部分，动词时态可能是一个挑战。以下是两个可以保持时态清晰的建议：

1. 对已完成的实验使用过去时：

    "The objective of the experiment was…"（实验的目的是……）

    "We found…"（我们发现……）

2. 对报告本身、理论和永久性设备使用现在时：

    "The purpose of this report is…"（本报告的目的是……）

    "The Rankine cycle involves…"（朗肯循环涉及……）

    "The scanning electron microscope produces micrographs…"
    （扫描电子显微镜可以生成显微照片……）

通常，你需要区分实验方法和实际发生的流程。因此，如果你进行了额外的测试或忽略了一个意想不到的结果，你需要进行说明。可以简单地表述如下：

> 实验方法参照 Chem 290 实验手册中实验 #3 所概述

的步骤进行，只是步骤4重复了四次而不是三次，以排除明显的困气。

呈现结果

结果部分通常以计算、表格和图表为主；然而，你仍然需要以文字明确地陈述所有重要的结果。例如：

计算得到的晶格参数表明，结果是 $R = 0.1244$nm。

正如第三章中所讨论的，图表需要清晰、易于阅读并进行良好的标注。不要忘记用一两句话来指出图表或一组数字中的有趣特征。

在大多数实验报告中，你只需要提供一份计算的样例。将其余计算连同原始数据一起放在附录中。在附录中展示所呈现数据的来源并提示读者参考附录。

讨论重要意义

讨论是实验报告最重要的部分。这两个词构成了制作有效实验报告的基础：**分析**和**阐释**。

分析	阐释
实验结果清楚地显示了什么？根据结果解释你所知道的信息并得出结论："由于所有样品都没有对银箔测试产生反应，硫化物即使存在，其浓度也不会超过约 0.025 克/升。因此，主水管的破裂不太可能是由硫化物引起的腐蚀造成的。"	这些结果的意义是什么？存在哪些模糊之处？引发了哪些问题？为数据中的问题找到合理的解释："尽管水样在 2014 年 8 月 14 日就收到了，但测试直到 2014 年 9 月 10 日才开始。通常，为了避免潜在的样品污染，采样后应尽快进行测试。这一延迟对实验的影响尚不可知。"

为了帮助你在讨论中更为聚焦，你可以问这四个关键问题：

1. **结果与预期相比如何？**

   如果不同，你如何解释这种差异？用"人为失误"来解释意味着你的能力不足。要更具体，例如：样品被污染了，或是计算值没有考虑摩擦。

2. **实验误差或设计缺陷是否影响了结果？**

   即使结果符合预期，你也可以解释与理想状态的差异。如果实验设计造成了异常，解释如何能改进设计。

3. **你的结果与相关理论或目标相比如何？**

   通常，本科实验是为了阐释重要的概念，比如缪勒-莱尔错觉。虽然理论通常在引言中已经讨论过了，但讨论部分可以将结果与理论联系起来。理论被阐释得如何？

4. **你的结果与类似的研究相比如何？**

   在某些情况下，可以在合规的范围内与同学比较结果——不是为了改变你的答案，而是为了寻找小组之间的异常并进行讨论。

实验报告中的结论

一般来说,实验报告的结论非常简单。你很少需要费力地对整个报告进行详尽总结。相反,只需简单地陈述当前已知的实验结果。例如:

根据测试,主水管的破裂不是由硫化物腐蚀造成的。

摘要:学术性的总结

实验报告的总结通常用摘要的形式体现,这是一份面向学术读者的摘要。其目的是"提炼"报告的精髓——也就是说,提炼出真正重要的东西。它由五个部分组成,回答了读者的基本问题:

1. **背景:这是关于什么的?**
摘要应该提供刚好足够的背景,以便浏览报告的人能够了解报告的要点。这通常不超过三句话。

2. **目的:重点是什么?或者你做了什么?**
一个明确的主要主张应该设定了报告的重点。这通常用一句话来表达。实际上,你通常可以将引言中目的相关的表述复制粘贴到摘要中,然后可能需要对其进行微调以适应摘要。

3. **结果或产出:关键发现是什么?**
根据所进行的工作,我们可能会用"解决方案"代替"结果",例如新产品或优化流程。这些在摘要中都是完全合理的结果。这通常需要两句话或更少。

4. 讨论:意义是什么?或者它在多大程度上满足了需求?

在实验工作中,讨论解释了为什么结果很有趣。而在设计工作中,讨论则是评估某物的工作效果或满足需求的程度。这通常是两三句话。

5. 结论和建议:读者应该如何运用这些知识?

基于特定读者,你可能需要其中之一或两者都需要。通常,结论强调了发现如何满足目的;建议则解释了如何使用这些信息或可能的后续工作是什么。

摘要可能包含其他组成部分,如方法、实验的改进或误差来源。这些内容是否值得包含通常取决于写作目的。例如,如果实验设计比较特别,则值得在摘要中解释。如果准确性至关重要,那么强调误差来源可能是有价值的。

有两个例子可以说明摘要是如何工作的。第一个来自一份学生报告;第二个来自一篇期刊文章。尽管它们的内容不同,但结构是相似的。第一个例子来自一个机械工程振动实验室,学生们有双重任务:测量振动频率并评估测量频率的工具(从教授的角度来看,他知道如果学生们能够批评这些方法,那么他们一定理解了这些方法——将这一点巧妙地融入实验室作业中!)。

摘　要

本实验的目的是测试用于评估空调框架结构静态和动态完整性的工具。测试用的空调器由卡里尔（Carrier）公司制造（型号53KHRT18）。测试涉及确定系统壁挂部分的固有频率及每个框架构件和安装墙的应力。

测试装置模拟了空调在石膏板金属墙架上的振动。应力和频率的测量是通过三种工具确定的：有限元建模程序、利萨茹曲线（Lissajous patterns）和带有刻度盘指示器的应变计。在准确性、速度和难度方面，三种方法被进行了比较。

结果显示，系统在13千克荷载下的固有频率约为125弧度/秒，25千克负载下的固有频率约为95弧度/秒。确定每个桁架应力的最佳方法是有限元方法，而确定固有频率的最佳方法是利萨茹曲线。

有限元方法既快速又准确，因此是静态分析的最佳方法。利萨茹曲线被证明是得出精确固有频率结果的最简单方法。

> 因为助教已经知道实验内容，所以**目的**部分进行直接陈述即可。这个实验不是由假设驱动的，而是对方法的测试。

> 第二句和第三句话中的**背景**指出了实验装置和实验的详细目标。

> 第二段描述了实验**方法**。方法不是必须写的内容，不过本例中测试装置是作业的一部分。

> 第三段解释了关键的**结果**和最佳的方法。

> 最后一段中的**讨论**和**结论**评估了不同振动测量工具的价值。

一篇科学文章的摘要通常针对两种需求截然不同的读者：专家和新手。专家的阅读目的是了解他人在某一特定专业领域的工作，而新手（如高年级的学生）正试图了解一个领域。新手需要基本的学科知识，而专家需要精确的技术要点。来自顶尖科学杂志《自然》（Nature）的这个例子里，我们大多数人都应当被视为新手。

情境性为量子计算提供了"魔力"[1]

（1）量子计算机与传统计算机相比有巨大的优势，但量子计算的能力源于何处却一直难以捉摸。（2）这里，我们证明了"情境性"的出现与通过"魔法态"蒸馏实现通用量子计算的可能性是显著等价的，而"魔法态"蒸馏是通过实验方式实现容错量子计算机的主要模型。（3）这是一个概念上令人满意的联系，因为情境性排除了量子力学简单的"隐变量"模型，揭示了独特量子现象的基本特征之一。（4）此外，这种联系还为量子信息资源提供了统一的范式：量子理论的非局域性是一种特殊类型的情境性，而非局域性已被认为是实现量子通信优势的关键资源。（5）除了澄清这些基本问题之外，这项工作还推进了量子计算的资源框架，这在许多实际应用中都有价

标题：没有标题的摘要几乎不会被阅读。

背景：句子（1）指出了"难以捉摸"的问题。

目的：句子（2）主张一种回答：证明"显著等价"。这句话中包含很多可以让大部分读者望而却步的专业概念——"情境性"，"魔法态"蒸馏等。

讨论：句子（3）—（5）讨论了为什么"显著等价"这一发现是有趣的。

结论：句子（5）还总结了这篇文章对于同领域其他研究的启示。

值，例如描述实现稳健量子计算的不同理论和实验方案之间的效率和权衡，以及为量子算法的经典仿真设定开销成本界限。

这两篇摘要的侧重点不同。学生的摘要通常会保持各个组成部分的均衡，而专业摘要则像这篇一样，通常可以更灵活地使用各个组成部分。摘要的重点是总结工作的重要贡献。无论这两篇摘要如何处理细节，它们都实现了这一更高层次的目标。

最后，还有一些撰写摘要的建议：

- 始终包括核心组成部分：目的、背景、结果、讨论和结论。根据需要，可加入可选元素。
- 用报告中各部分的篇幅来指示摘要的重点。如果报告侧重于方法，那就把它们包含进去。如果讨论部分篇幅很长、很复杂，就要在摘要中进行强调。
- 使摘要内容独立于其他部分。不要索引报告内部的信息或数字。
- 如果要求提供"关键词"，请使用可用于索引和检索你的报告的重要概念。

比较实验报告和设计报告

目前为止我们已经探讨了实验报告和设计报告，我们可以比较这两者，以了解其相似的基础和彼此的差异（表5.1）。

表 5.1　比较设计报告和实验报告的结构

设计报告	IMRaD	实验报告
阐明目的	引言（Introduction）	形成假设
使用过往设计和/或文献定义问题		建立理论基础
定义需求	方法（Method）	确立方法
描述设计方案	结果（Results）	呈现结果
基于测试评估设计是否满足需求	讨论（Discussion）	评估结果的重要意义
给出结论和建议		得出结论

上述比较提醒我们，这两种报告都根植于科学方法。两者之间的相似性意味着你应该能够轻松地在其间切换。然而，我们需要记住四个显著的差异：

1. 好奇心假设与实用主义假设：科学假设会询问"这发生了吗？"，而工程目的则关注于"这样能够工作吗？"。考虑以下两个目的陈述：

实验报告的目的	设计报告的目的
这个实验的目标是在一个简单的电路中验证基尔霍夫电流定律（Kirchoff's Current Law, KCL）和基尔霍夫电压定律（Kirchoff's Voltage Law, KVL）。实验假设是：当并联第二个灯泡时，电路中的灯泡亮度会减半。	这份报告分析了一种安装在割草机前部的石块收集器的概念设计的临界角。

两个陈述都阐述了某种目的，但一个旨在印证假设，而另一个则分析如何让某物有效工作。

2. 给定的方法与测试过程：大多数科学实验通常遵循实验室手册中规定的方法，而工程工作往往涉及开发有意义的测试。例如，尽管第二章中卢克的工作十分关注科学可重现性，但其也表现出对解决实际问题的关心。

3. 讨论与评估：在实验报告中，一个好的讨论可以简单地关注数据中有趣或可观察到的内容，因此"讨论"这个词是恰当的。在工程中，目标是评估设备或设计的质量。

4. 结论与建议：科学得出结论，而工程需要为行动提供建议——改进后的设计、实施细节或继续进行的计划。

在撰写实验报告时，需要利用你在科学方法方面的背景，但要记住，当目的从单纯的好奇心转变为实际的实用性时，实验报告的要求也会随之向设计报告转变。

文献综述

学生经常被要求写文献综述，有时是作为一个更大的研究项目（如论文或设计报告）的一部分，有时则独立成篇。然而，文献综述并不是只有学生才会接触的写作文体。在大多数研究领域，每隔几年就会出现一篇"综述文章"（在快速变化的领域或许更频繁）。这类文章帮助在该领域工作的人重新聚焦或考虑新的研究领域，同时为新手提供了宝贵的介绍。专业工程师经常将文献综述纳入可行性研究、环境评估或提案等报告中。

综述文章通常由熟悉该领域的人撰写，而学生撰写文献综述的目的则是展示他或她对该领域的了解程度。不完整或不合格的文献综述会削弱读者对作者的信心。作为一名学生，这直接转化为分数和成功（或失败）。

本质上，文献综述可以按照以下两种方法之一处理：

1. 总结综合：总结每篇文章，然后展示文章之间如何结合在一起。
2. 整合论证：建立你自己的论点，利用研究来支持你的主张。

两种方法都可能很有用，具体取决于你想要完成的目标。第一种方法更简单，第二种方法则更复杂。选择哪种方法取决于你的目标。两篇研究生论文中的例子将说明这两种方法。

总结综合法

这种方法将相似的研究聚集在一起，是展示一个领域进展以及研究空白的好方法。在下面机械工程领域的例子中，作者展示了在制造发泡产品方面的具体改进进展：

一种被称为高熔体强度（high-melt-strength, HMS）聚丙烯的特殊等级聚丙烯在制造发泡产品方面效果令人满意。人们还努力促进长链支化[33–37]①以提高聚丙烯材料的熔体强度。布拉德利（Bradley）和菲利普斯（Philips）[38]使用带有长丝模头的商业规模单螺杆串联系统，将CFC 114注入传统聚丙烯和HMS聚丙烯熔体流中……帕克（Park）[39]介绍了一种由反应器制造的HMS聚丙烯，该反应器采用了一种特殊的催化剂系统和独特的聚合工艺技术。他主张，这种材料是为发泡应用设计的，具有更好的熔体强度和熔体弹性，同时保留了传统聚丙烯的所有物理、机械、光学特性和耐化学性。

> 作者首先基于一组研究提出了一个主张，即HMS聚丙烯是"令人满意"的。

> 然后，他总结了各组研究为提高熔体强度所采用的工艺。他没有具体给出研究的结果。

> 他总结了帕克[39]的"主张"。同时，他也指出了研究的意义。

总的来说，与传统的线性聚丙烯相比，这种支化等级的聚丙烯具有足够高的熔体强度和熔体弹性，解决了气泡稳定性的问题。因此，这种HMS等级使得聚丙烯材料的广泛应用成为可能，因为其克服了线性材料熔体强度不足的问题。

> 最后，他综合了这一组研究的主要成果。

---

① 本例中的参考文献非本书参考文献。——编者注

总结综合法将注意力集中在研究者身上，通常按时间顺序进行。所以在这里，资源 [33] — [38] 比 [39] 更早。我们可以用如下方式来思考这一方法的逻辑发展过程：

- 收集研究并将其归类到相关群组中。
- 介绍一个群组。
- 总结单个作品或过程。
- 说明最重要的贡献的结果。
- 评估特定群组的价值。

这种方法的优点是简单。唯一的真正挑战是在一开始就进行适当的群组划分，并以有意义的方式综合研究。这种方法的主要缺点是阅读起来可能会变得乏味，并且没有清晰地为正在开发的概念或设计构建案例。

"Go Look"（参见某研究）方法

总结综合法的一个极端变体是"Go Look"（参见某研究）。虽然它提供了最短的综述，但这只在某些研究生水平的写作中才可以接受。它让读者负责去"找到并看一看"作者提到的研究。虽然文献综述的目标是**通知**读者相应的信息，但这种方法仅仅告诉读者文献存在。以下是电气工程领域的一个例句：

有关高斯信道编码调制方案理论的最新研究进展，

第五章 撰写实验报告、文献综述和海报的策略

可以在福尼（Forney）的"陪集码"（coset code）相关论文[8—9]中找到很好的总结①。这些论文统合并拓展了该领域几位研究者的工作。

显然，这种写作针对的是可能已经读过福尼论文的专家。因此，对于本科生作者（他们需要展示对该领域的理解）或行业读者（他们并不希望被派去进行检索工作）来说，这是不可接受的。

"整合论证"法

整合论证法比总结综合法更为复杂。这种方法不关注作者，而是使用研究来构建论证。在这个过程中，会对研究进行解释——有些非常详细，有些则一带而过——但作者的重点是建立他或她自己的论证。这种方法会出现在"综述文章"中，而且教授们在为本科生布置文献综述作业时，总是更希望看到这种方法。

这种方法是什么样的？一个简短的例子可以展示这种方法的工作原理。以下是来自生物医学工程领域文献综述的一个句子——一个长句。

心血管设备的生物不相容性的临床表现多种多样，

---

① 本例中的参考文献非本书参考文献。——编者注

129　例如支架在数周内突然完全阻塞[2]；中等尺寸移植物（4—6毫米）的急性和亚急性血栓闭塞[3]；人工心脏[4]、导管[5]和人工瓣膜[6—7]的栓塞并发症；心肺旁路[3]和血管成形术[8]期间的血栓并发症。①

哇，好多大词啊！然而，如果用字母代替其中的大词，我们就能看清作者在做什么，而不会纠结于"栓塞并发症"这类词。看一下简化后的版本：

观察到由于A导致的失败案例很多，比如在数周内突然完全发生B；C和D；与F、G、H相关的E，在K和L期间的J。

通过采取这种方式简化语句，我们可以看到其逻辑：问题A在很多情况下都很常见。这是一种累加式的修辞手法——堆叠大量例证。正是大量的例证让作者的观点具有说服力。A显然是一个问题。

作者在不试图解释她所引资料要点的情况下，提出了自己的观点。这样一来，她就把所有研究论文简化为一个词，即"导管"或"血管成形术"。她的目的是要展示文献支持了她的主张：心血管设备存在生物相容性问题。当然，她有可能在曲解资料来源的意思——这是每位作者都需要谨防的——但假设她的说法准

---

① 本例中的参考文献非本书参考文献。——编者注

确无误,这些来源中的每一个都需要被完整论证,以为她的论证提供支持。

这种文献综述的方法不仅要求对资料有充分的理解,还需要有写作的目的。这通常是被安排写"文献综述"的本科生所面临的最大挑战。如果你能确定综述**为什么**有价值,你就能够让其有具体价值,并且可以使用整合论证法。否则,你只能使用总结综合法。

文献综述在设计报告中也扮演着重要的角色。有时,这种综述涉及的不是正式发表的文献,而是先前的设计。然而,无论是正式的研究文章还是一组参考设计,综述文章的过程都是一样的:我们要么总结和综合工作的价值,要么将综述整合到更宏大的论证中。

将文献综述应用于参考设计

有时工程师会对实物产品或设计概念进行综述。这样的综述可能被称为"参考设计"或"技术现状"(state of the art, SOTA)。不过,评估的过程大体相同,可做的选择也同样如此。如果有一组需求,分析参考设计会更容易。这里的例子展示了对一种商用拖把拧干器的综述,评估主要基于第四章中所提到的招标书的需求来进行。

Ergo-press 拧干器(IW-500 系列)旨在让使用者拧干拖把的动作更轻松。制造商主张:	综述首先用两条编号后的主张概述了对设备特性的主张。

1. 高杠杆设计减少了拧干拖把所需的力量,且用户在挤压拖把过程中更容易使用直立姿势。

2. 额外的格栅增加了拧干拖把的压力,这节省了人力,达到了相同的效果。[34]①

然而,抬起和挤压湿拖把仍然需要很大的力量。尽管制造商主张肌骨骼压力降低了,但比较试验没有显示出这款拧干器与其他拧干器有可观察到的差异。

> 最终评估提出了两个主张:
> 1. 拧干器没有解决抬起拖把的问题(表4.3中的详细需求1.4)。
> 2. 在试验中未能观察到所谓特性。

这个例子说明了在评估产品时,如何像对研究文章进行综述一样运用总结综合法。

展示海报

海报在学校的设计和研究中都很常见,偶尔也会出现在工业中。任何海报设计都同时涉及艺术和工程。你必须对颜色、间距、字体和"视觉-文本"内容加以平衡。这些问题不是简单的计算公式可以解决的。关于海报,第一个要问的问题是:它需要独立使用还是作为演示的一部分?

---

① 本例中的参考文献非本书参考文献。——编者注

- 独立海报是为挂在墙上设计的。这类的海报几乎总是有太多的文字，与其说是视觉呈现，不如说是"文档"。这类海报必须提供背景和所有内容，还必须足够引人注目以让通过走廊的人驻足浏览。
- 展示海报通常是设计博览会或海报展示会的一部分。在这些场合中，演讲者通常会站在海报（可能还有设计原型或其他辅助工具）旁边，回答问题并与观众互动。

这两种类型的海报有明显不同的要求。有许多优秀的资源可用于设计独立海报[2—3]；而展示海报受到的关注较少。也许这是因为它们几乎完全是工程师的工作范围，而非科学家的。

为了简单实用，在这里我想提供五种制作有效的展示海报的策略。

吸引注意力

如果你的海报缺乏足够的吸引力来让人进行注意加工过程，那么就不会有人愿意再看它一次。过多的文字或拼凑的内容是很可能被忽略的。应使用简单、一致的呈现方法，辅以粗体文字和有力的视觉元素。

创建直观的阅读路径

通常，要遵循海报设计的标准惯例：顶部有一个横幅标题，以及两列、三列或四列内容（具体取决于海报宽度）。任何时候如果你想打破预期中的呈现，一定要问问自己这样做的目的是什么。

准备社交媒体[①] / 摘要 / 故事版本

社交媒体：你能用 140 个字符（不考虑话题标签）"推"什么，才能让经过的人对你的内容产生理解，也许还能激起他们的兴趣？可以是一个清晰明了的标题，一段强有力的目的陈述，或者一张强有力的核心图片（尽管最后一条显然不是"字符"）。

摘要：你如何在两分钟内表达最重要的内容？基于阅读路径、标题和视觉元素，让观看者无须深入阅读太多文字就能"抓住信息"。

故事：你如何为感兴趣的人（比如潜在的投资者）或技术爱好者提供足够的信息？这些观众使海报展示变得有价值。用足够的细节来回报他们的关注，以支持进一步的对话交流。

让内容模块化

创造离散但有意义的片段，这样可以让观看者即使分心关注其他内容，仍然能够快速回到这部分内容上。使用小标题、视觉元素都可以将空间进行分割，从而让观看者片段式地接受信息。

---

① 原文作者使用 Twitter。考虑到中国大陆主要使用其他社交媒体，此处使用社交媒体指代。——译者注

最小化干扰

少即是多——想想丹麦现代风格，而不是维多利亚时代的蕾丝风格。更具体来讲：

- 只使用一种字体。可以使用不同的字号（在合理的范围内），但一定要选择一种主要字体和字号，并以其为基础进行设计。
- 把留白推到边缘位置，因为空白会吸引关注并分散对内容的注意力。此外，底部留白比顶部留白更好。
- 创建对称性。尽可能让整个海报平衡、协调。
- 让颜色发挥作用。通常，冷色调比暖色调更有效，而且高对比度很重要。避免使用彩色背景，因为这不仅增加了不必要的打印成本，还会在中性的白色空间处造成干扰。

我们可以通过一张学生制作的海报来理解如何运用上述策略。图 5.1 是在第四章中提到的新生设计团队的海报。它为之前讨论的拖把招标书提供了一个非常创新的设计解决方案。在阅读我在后文的评估之前，试着根据上述五种策略自己做一个评估。

强力拧水器（PowerWring）：改善拖把拧水器用户的姿势

Jeremy Wang, Ryan Williams, Shuyi Wu, Noah Yang

概述

重复使用拖把拧水器会让清洁人员面临疲劳损伤的风险。我们改进了拧水器的设计，以减少对使用者的损伤

问题

拧干拖把可以通过如下方式造成损伤：
- 不良的姿势
- 重复的压力

核心设计需求
- 拧干拖把时保持直立姿势
- 减少拧干拖把所需的力量

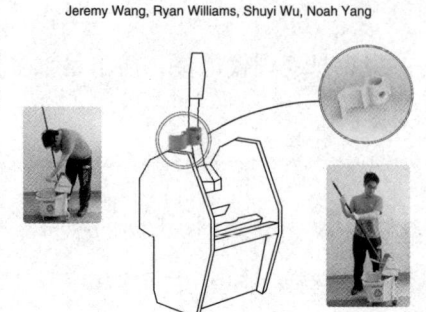

解决方案

将拖把和拧干器手柄连接起来的夹子

主要结果
- 通过让用户在拧干时握住较长的拖把手柄来**加强杠杆作用**
- 使用户在拧干时能够使用双手，有效地**将所需力量减半**
- 让手柄可以进行旋转，使得**使用者不再需要弯腰**

图 5.1 新生设计海报：针对拖把拧水问题的创新解决方案[①]

策略	我们在海报中看到的
吸引注意力	• 用一个清晰的标题对改进目标进行主张 • 用强有力的图片展示了清晰的"问题-解决方案"结构： 　○ 不良姿势的问题（左） 　○ 原型（中），并对设备进行了突出展示（右上） 　○ 正在使用更好的姿势的解决方案（右） • 从问题和需求中可以很容易地理解设计的动机
创建直观的阅读路径	• 标准的三栏设计，突出了关键信息 • 使用了通用型标题，但也展示了结构

---

① 原图为英文，为了体现后文评估内容，字体字号结合中文实际进行了修改。——译者注

准备社交媒体/摘要/故事版本	社交媒体 ● 在观看者看到右上角突出呈现的内容之前，最大的视觉元素看起来只是一个拧干器。因此观看者可能不能迅速理解内容 摘要/故事 ● 没有提供清晰的摘要，不过"问题-解决方案"的结构还是描绘了比较清晰的故事
让内容模块化	● 三栏内容形成了三个模块：问题、解决方案和评估
最小化干扰	● 字体字号在标题和文本中发生了变化，这可能造成一点干扰（尤其是"解决方案"部分，文本和小标题一样都使用了加粗格式） ● 中间部分留白最多，但干扰程度也最小

制作一张有效的设计海报需要你在心中有一个结构化的故事。这个团队的海报讲述了一个清晰而简单的故事，为一位通常没有什么话语权的工作人员解决了某个问题。

使用这些文体的最后思考

本章讨论的三种文体大多是学生才会使用的文体，但其中所体现的思维方式在专业工程师和研究人员的工作中同样发挥着重要的作用。

第六章

撰写专利检索、用例场景、代码注释和技术说明的策略

STRATEGIES FOR PATENT SEARCHES, USE CASE SCENARIOS, CODE COMMENTS, AND INSTRUCTIONS

136　鉴于设计报告具有模块化和适应性强的特点，而且你可能会在多种课程或工作情况下遇到设计报告的各种变体，因此我们可以探讨一下如何处理一些最常见的设计报告变体。特别地，我们将研究以下四种与设计报告相关，但通常需要单独编写的文体：

1. 专利检索和专利申请
2. 用例场景
3. 代码注释
4. 技术说明

专利检索和专利申请

专利在有限的时间内保护发明者的创意，超过期限便会失效。因此，它们既保护了发明者的智力成果，也使得更广泛的社会能从产品中受益。一旦专利过期，任何人都可以使用它。在专利到期之前，任何人使用该专利都必须获得专利持有者的许可。

137　虽然在学校里可能不需要开展全面彻底的专利检索，但找到相关的专利可以提高你的工作效率。例如，一位同事最近给他的

第六章 撰写专利检索、用例场景、代码注释和技术说明的策略

班级布置了一项设计挑战任务。大多数团队都提交了带有原型的设计提案。然而，有一个团队提交了一份简短的报告——其中没有原型——解释了他们找到的专利如何满足需求，以及大多数替代解决方案如何侵犯了专利持有者的权利。起初，这位教授很恼火。然而，当他意识到其他团队确实侵犯了已有专利时，他不情愿地承认这个团队已经尽到了自己的责任，最终他们得到了 A 的成绩。

在工业界，进行彻底的专利检索的必要性显得更为直观：工程师想要知道一个想法是具有原创性并可以申请专利，还是已经存在专利持有人。更常见的情况是，工程师只是简单地想要了解某一设计领域的现状。

专利检索类似于文献综述（在第五章中讨论过）。如果文献综述包括参考设计或技术现状的章节，则两者是相同的。专利通常定义了当前最新的技术水平。

我们的目的是了解如何处理我们搜索到的专利。美国专利商标局提供了教学视频，讲授了应当如何进行专利检索，如何定义检索术语，以及如何搜索可能在你之前已经产生的、因此必须被视为现有技术的专利申请。通常情况下，从事产品开发的工程师在撰写专利相关的内容时，旨在实现以下两点：

1. 区分一项新发明与其他看似相同但实则不同的发明。专利局举了一个可以防止狗食盘中的水结冰的设计的例子。开发者不仅需要考虑狗食盘，更要考虑到"食物加热"机制是一项现有技术，无论这项技术是为人类、狗还是虎皮鹦鹉设计的。[1]

2. 说明一项新发明是如何建立在现有技术的基础上的，特别是它是否需要获得现有技术的许可，或者是否可以主张该发明提供了技术上的进步。

在二十年的工程学教学中，我只遇到过三名实质上进行了专利申请的本科生。在所有案例中，大部分的写作工作是由专利代理人完成的。然而，进行设计工作的学生可以进行初步检索，以表明他们的想法至少在他们已掌握的信息范围内是创新的，或者是建立在已知设计的基础上的。这两种做法都可以提高设计作品的可信度，因为它们可以证明你的设计是缜密全面的，和 / 或你的设计是以既有的成熟技术为基础的。

了解专利

专利包括两个部分：视觉表现和论证。我们可以通过一个例子来理解这两部分。图 6.1 显示了艾迪生·F. 凯利（Addison F. Kelley）在 1919 年获得的一项专利，该专利是一种带有"牙齿"的簸箕，可以将灰尘从扫帚的刷毛中清理出来。

专利的论证可以分为四个主要部分：

1. 确定申请人（个人姓名和公司隶属关系）。
2. 确定发明所属的类别。
3. 描述设计，以及通常可能的制造方法，或者更近期的"实现"该发明的手段。

4. 主张设计的独特性。

请注意,这种组织结构从根本上遵循了定义的逻辑模式:它是什么?它属于哪个群体?是什么让它与众不同?

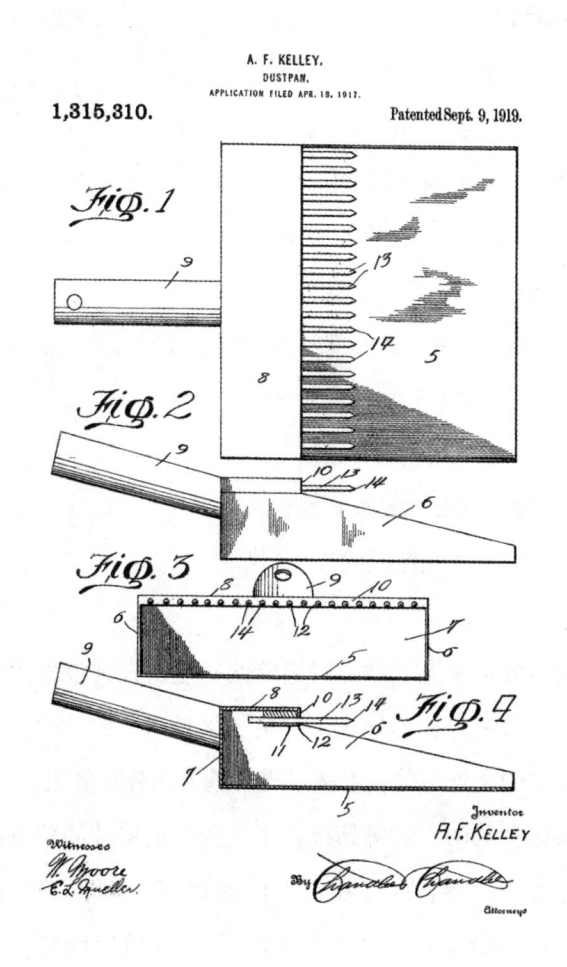

图6.1 凯利的专利簸箕设计首页上的四视图:

图1,平面图;图2,侧视图;图3,前视图;图4,纵向剖面图。这样的完整呈现是专利所必需的。专利正文中引用了这些图表的编号[2]

140　　以下是凯利的簸箕专利的独特性主张，该主张是从第 65 行开始的，在他对图示的详细解释之后：

> **主张如下：**
>
> 　　一种簸箕，包括底座、侧面、背面和从背面部分延伸到底座上方的顶部，顶部的前缘部分在自身和底座之间向后弯曲，并与自身保持一定的间距，形成了垂直法兰和水平法兰，垂直法兰设有一系列横向间隔的穿孔，一系列平行间隔的销钉，销钉与所述水平法兰和顶部构件之间的穿孔接合，同时向前延伸到垂直法兰之外，保留焊料填充到顶部构件与垂直和水平法兰之间的空间，并将销钉固定其上。[2]

> 主张中首先描述了簸箕的金属成形方式。（在 1919 年，材料应该是金属）。

> 接着描述了顶部法兰上用于固定销钉的孔（穿孔）。

> 不幸的是，整个描述就是一个长句子，这很常见。

　　和所有专利描述一样，对簸箕的描述由设计报告的中间两个部分组成：解决方案的描述和评估。尽管这份评估除了主张设计是独一无二的之外，仅仅发挥了微乎其微的评价效果。

　　在阅读专利时，关键始终在于主张当前设计的独特性。在独特性的主张中，专利持有者定义了设计中新颖的部分。通过审查专利的这一部分（通常可以结合图纸），你可以确定该发明是否能够支持你的设计工作——或者可能已经抢先你一步。

第六章 撰写专利检索、用例场景、代码注释和技术说明的策略

近期一则关于簸箕的争论

2013年1月,两家相邻的纽约设计公司发生了一场冲突,这正说明了开展专利研究的价值。Quirky 是一家"众包"设计公司,它引入了许多被称为"社区影响者"的发明家来完善和改进设计(并可能为产品建立市场)。如果一项设计进入市场,所有这些社区影响者都会分享一小部分版税。OXO 是一家更为传统的设计公司,主要以高质量的厨房用具而闻名。

2012年,Quirky 推出了"扫帚美容师"(broom groomer),这是一款带齿的簸箕,可以清除扫帚刷毛上的灰尘。几个月后,OXO 发布了其直立清扫套装(图6.2)。

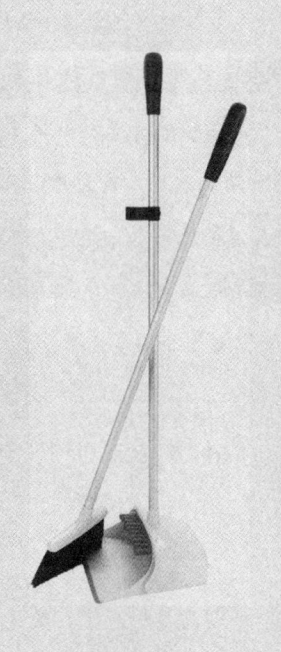

图 6.2 OXO 的直立清扫套装[3]

就在这个时间点，事情变得奇怪起来。Quirky 大声疾呼不公平！他们指控 OXO 窃取了他们的想法，并"对其加以限制"。他们没有讨论这个问题，也没有打电话给他们的律师，而是竖起了一个反对 OXO 的广告牌，并在纽约街头举行了一场"社区影响者"的抗议游行，他们穿着 T 恤、涂着战漆。他们要求为这款"扫帚美容师"的设计师比尔·沃德（Bill Ward）和为这款产品做出贡献的影响者们伸张正义。

然而，看看这两款产品，你可能会从中识别出艾迪生·F.凯利过期已久的专利。事实上，OXO 的高管们在激烈的回应中承认了对这项专利的借鉴，不过他们仍然主张自己的设备具有优势：

> 我们产品的每一个特征都包含在 1919 年的专利中。没有一个特性与 Quirky 所提出的说法有关。此外，我们的刷毛清洁概念是在清扫套装和长柄簸箕上实现的，而不是像 Quirky 那样的脚踏式簸箕。我们的齿离地面更高，因而更容易清洁扫帚或笤帚的整个刷毛头。不仅如此，我们的齿是由硬塑料而不是橡胶制成的，以在梳理刷毛时提供强度，而且表面不会残留灰尘和头发[4]。

然后，他们建议 Quirky 需要学习设计业务的基础知识，并指出：

> 仅仅是因为一个创意被提交了，这并不意味着该创意就是原创的。

以及

> 仅仅因为一个产品已经推出,这并不意味着它是新的。事实上,类似的产品可能已经推出并停产了。[4]
>
> 在如此公开的羞辱之下,**Quirky** 体现了没能了解现有技术可能引发的问题。也许他们的动机是为"扫帚美容师"创造一个销量高峰,但是,是否所有的宣传都是好的宣传,就不那么明了了。一定要做好对某一领域现有技术的了解工作。如果做不到这一点,可能会引发公开的羞辱,甚至更糟。

用例场景

用例场景是"工作进行时"的文档:它们在开发人员和客户之间共享,以塑造和控制设计过程。有时它们是餐巾纸上的草图(常见于小公司或个人承包商);其他时候,它们可能更正式一些。它们在软件设计中当然是最常见的,但实际上也可以应用于任何设计场景。

一个用例的价值在于,它可以促使设计师在人机界面的层面上考虑操作,从而更容易构思可能出现的问题或替代的设计解决方案。从用例开始,可以让你更清楚地了解你在设计什么。

其基本思路是描述与设备或软件交互的标准路径,即"使用过程"。在一份好的用例文档中,无论是不是成功的,备选的交互路径也会得到解释。表 6.1 展示了一个在"自助加油"加油站使用银行卡支付的"用例场景"。请注意，一次简单的交易过程包含了许多步骤。

表 6.1 在"自助加油"加油站使用银行卡支付的标准用例场景结构

概述	定义	示例
标题	对基本"使用过程"的目的进行有意义的描述	使用银行卡支付加油站的加油费用
用户和界面	确定谁在做什么，用什么来做	付款人（司机）；由触摸屏、键盘和读卡器组成的加油机界面；加油站服务员
前提或初始状态	定义界面必须具备的状态，以保证使用过程可以发生	屏幕必须处于激活状态。读卡器必须处于激活状态。司机应将车停在加油泵前，并关闭点火装置
标准用例		
步骤 1 步骤 2 ……	为进程中的所有参与者构建一个循序渐进的互动机制	步骤 1：用户按照"条形向右"的方向将银行卡插入读卡器 步骤 2：读卡器判断银行卡是否为"芯片"卡 步骤 3a：如果是芯片卡，接口发出指令，让卡留在读卡器中 步骤 3b：如果不是，界面发出取卡指令 步骤 4：用户回复界面提示 步骤 5：读卡器处理卡的详细信息 步骤 6：界面要求用户选择充值金额 步骤 7：用户选择充值金额 步骤 8：处理器确定充值选项 步骤 9：界面要求用户输入密码并按"回车"键

续 表

概述	定义	示例
		步骤 10：用户输入密码并按"回车"键
		步骤 11：处理器确定密码是否可接受，联系银行，建立安全链接，确定有足够的资金进行交易，并开启交易
		步骤 12：界面显示交易通过，（如果是芯片卡）建议用户取卡
		步骤 12a：用户取卡
		步骤 13：用户从枪套中取出加油枪
		步骤 14：用户选择汽油等级
		步骤 15：用户将加油枪插入汽车加油口，按住控制杆加油，同时界面记录加油量和总价
		步骤 16：用户完成加油，因为 　　a）油箱已满， 　　　a. 自动关闭，防止溢出 　　b）用户达到预选加油金额， 　　　a. 自动关闭，防止超支 　　c）用户松开控制杆停止泵送
		步骤 17：用户将加油枪放回枪套
		步骤 18：处理器完成与银行的交易
		步骤 19：界面提示用户申请打印收据
		步骤 20：用户选择是否打印收据
		步骤 20a：如果要求，界面打印收据
		步骤 21：交易完成

该表只展示了一个"标准用例"。一份完整的用例场景将包括多个替代方案。以加油站为例，这些替代方案可能包括：

- 使用加油站优惠卡领取积分。
- 银行余额不足。

- 输入错误的密码。
- 使用已知被盗的银行卡。
- 卡片信息无法读取（例如，磁条磨损或损坏）。
- 提供购买时向慈善机构捐赠一美元的机会。
- 加满油时提供洗车服务。

有时用例场景会用流程图表呈现以描述可进行的选择的范围，但这并不常见。部分原因是文字描述允许程序员根据所述动作构建代码，这样就可以将用例描述作为代码注释嵌入代码中。

代码注释

代码注释嵌入在计算机程序中，用来解释代码中的特定操作。代码注释不仅能帮助你把注意力集中在代码本身要实现的目标上，而且还能让审查代码的人理解你想要实现的功能。这样，即使在运行代码的过程中出现了问题，审查者也能理解你的意图。

有很多很好的指南可以指导你用各种编程语言编写代码注释，你可以使用搜索引擎检索。由于注释协议存在微小差异，因此这里我们无法提供具体的指导。但是，有四个关键的提示可以帮助你编写有意义的代码注释。这些注释可以引导你、你的团队成员或未来基于你的代码继续进行开发的人：

1. **为人类编写**：代码是为机器编写的；注释是给人阅读的。

i. 为自己：在任何你需要停止工作的时候（比如需要睡觉），你都会从你正在做的工作（以及哪里出了问题）的注释中受益。这样的注释可能不会保留在最终版本中，但当你在凌晨四点停止工作，而第二天不得不重新开始时，它们会非常有帮助。

ii. 为他人：如果你编写的代码需要别人改进或修改，你的注释可以节省大量时间，特别是当你的注释已经较为系统的时候。

2. **在编写代码的过程中就进行注释**：尝试在事后对代码进行注释会带来巨大的精神负担，因为你需要重新构建自己的思维。如果边写代码边进行注释，注释会更加精确、更有意义，对调试也更有帮助。

3. **在屏幕上留出空间**：在程序和代码之间留出单独的行或创建空格，能够让你更轻松地浏览代码以找到重要部分。在团队项目、由助教打分的程序，或者需要修改或更新的程序中，这将成为一个很大的优势。

4. **区分注释类型**：行内注释、描述性块注释与类/组注释。如果你始终为每种类型的注释使用独特的模板，你会发现浏览代码、进行修改和理解同伴的工作都会变得更加容易。

技术说明

在工业界，工程师为三种主要读者编写技术说明：

- 需要使用设备或软件的技术人员。技术人员具有一些技术专长，但他们只有在不知道该怎么做时才会看说明书。所以，针对这类读者的说明需要有良好的结构，便于查阅。
- 公司控制结构，为了证明某种测试遵循了公认的流程（有时被称为"归档写作"）。归档写作可能会让人感到非常沮丧，因为没有人会阅读你写的内容，除非（1）出现严重问题或（2）项目正在被修订。无论是哪种情况，潜在的读者都需要清楚地理解这个过程。
- 普通大众或一般用户。通常情况下，技术作者会为这些读者准备说明书，每个人都扮演多种角色的非常小的公司除外。

对于这三种读者中的任何一种，技术说明的写作都需要遵循第二章中讨论的过程描述模式。不过，写作中需要针对**指导工作过程如何进行**的具体任务进行调整。

本质上，一套技术说明应当包含五个主要组成部分：

1. 引言——简要解释说明的目的。
2. 必要的工具、材料、软件或设备——完成这项任务需要什么？
3. 流程——建立一个有编号的逐个步骤进行的流程序列，以供使用者参考。在编写过程中，你可能会意识到可能出现问题的地方。记下这些问题，并将其留存到故障排除部分。
4. 视觉辅助——为每个步骤创建一个视觉辅助。这可以是一张照片，一张线描图，一个示意图，甚至是一张简单的简笔画。
5. 故障排除——记下可能遇到的问题，并提出解决方案。

对于可预见的故障点，不提供解决方案会使说明变得非常令人沮丧。

从风格上看，说明与其他形式的描述不同，因为它们是以命令的形式编写的。所以，请使用命令和行为动词。比起使用密集成块的文本，这将使用户能够更清楚地遵循说明。

以下是一些关于编写说明的指导：

- 亲自动手测试说明。更好的方法是，让别人依照你的说明去做。
- 不要高估读者的技术能力。这是说明编写者的通病。
- 解释说明中的每一个重要步骤（也许，也包括一些你认为并不重要的步骤）。
- 使用命令和行为动词。人们需要**做**事。告诉他们应该做什么。

使用支持性的文体

本章重点介绍了四种通常扮演次要或支持角色的文体。显然，我们也可以考虑其他文体，但其中的许多类型都可以从设计报告的基础逻辑或从第二章讨论的逻辑模式中构建出来。当前的四种文体，通过简单地记录发现或过程，为工程师提供了解决各种问题的指导，无论是相对重要的参考设计的问题，还是（相对）小的问题，例如确保你在编写计算机代码时知道该做些什么。

第七章

开发可读性强的风格

DEVELOPING READABLE STYLE

151 　　或许对于风格最简单的定义就是，风格是把单词组合在一起的方式。工程师们崇尚精确而高效的风格。为此，本章将从两个层面探讨风格：更宏观的段落层面和更详细的句子层面。这两个层面都很重要。一些关于风格的讨论可能是大家都很熟悉的——我们并不是为了工程而重新发明写作——不过某些风格化的决策确实是工程所特有的。

　　虽然每个人的写作方法不同，但大多数有经验的作家在修改自己的作品前并不担心风格问题。他们知道越是对文字精雕细琢，就越不可能想着在必要时修改或废弃原有的内容。当然，风险在于留到最后完成的工作，有时会因为时间限制而未能完成。

> 关于写作过程的策略性方法的讨论，请参见附录：制定写作和修改的流程。

152 　　本章的重点是通过你的写作风格来实现更有效的沟通。我们首先会探讨写作的功能性组成部分——段落，然后会探讨三种提高写作流畅性的风格手段：过渡、"从已知到新知"原则和句子强度。在此过程中，你会看到一些"十大"列表，它们应该会为你提供改进写作风格的便捷参考。

建立强有力的段落

段落是书面交流的主要组成部分。段落将注意力集中在一个点上，并使其充分发展，从而在读者的脑海中留下一些印象。因此，我们需要了解段落是如何运作的，它们的可能组成部分是什么，以及如何使它们有效。这就是这部分的目标。

段落遵循三个关键原则：

1. **引子**：段落的第一句话构成了**框架和主张**。它搭建了一个框架，通过这个框架，读者可以接收到该段中的所有其他信息，同时明确该段的主张。

2. **聚焦**：段落需要只围绕一件事展开。当段落开始转移焦点时，它们就迷失了方向——读者也迷失了方向。

3. **排列**：所有值得陈述的信息都值得排列。段落中两个关键的排列策略是（1）修辞模式（参见第二章）和（2）从一般到具体的逻辑推进。

下面一段话是一位结构工程师在评估一个主要城市的街道隔音屏障时写的。它提供了一个基本结构的简单例子：

> 西侧的隔音墙总体状况是一般到良好。隔音墙的所有构件都出现了中等至较宽的

引子：第一句建立主张，为下文奠定基础："一般到良好"。

裂缝，并有轻微的风化斑点。一些柱子的钢筋外露，正在发生锈蚀。一些柱子的下部也有轻微剥落。大多数柱子沿垂直线偏斜 25 毫米（朝向路面），还有一根柱子沿垂直线偏斜 140 毫米。所有立柱的偏斜量都是在 1829 毫米（6 英尺①）的高度上进行评估的。

> **聚焦**：本段提出了单一的观点，即墙（只是）一般到良好。
>
> **排列**：
> 1. 采用的修辞模式是分析。
> 2. 本段先从最宽泛的墙说起，再到柱子，最后到柱子的偏斜。

　　这一段的框架看起来是有些奇怪的，因为在"一般到良好"后，接下来的一切内容听起来都是负面的。不过事实上，"一般到良好"是结构评估中的技术术语，指的是比良好差、但还没到需要替换的程度。在随后对逐个部分直接进行的分析背后是有标准的（例如：钢筋暴露在外是坏的，柱子**应该**是垂直的），但上述标准并未被明确提及。

　　段落的逻辑看似简单，也确实应当如此：段落并不需要复杂。当段落不能体现前述的三条关键原则时，就会遇到麻烦。下面是一位机械工程师写的一段话。看看你能否找出它没能遵守三条原则中的哪一条。

　　　　送风通过现有的回风管道在低层送出，然后通过现有的送风管道在高层返回。空气分配管道系统最近进行了重新配置。用于送风的管道的最初设计是用于处理

---

① 1 英尺 = 304.8 毫米。——编者注

1800立方英尺/分钟①的回风的。在管道改造过程中，送风口的数量从11个减少到7个。这次管道改造导致了高静压损失。因此，送风机无法提供预先设定中的气流。如气流测量报告所示，它只能提供1116立方英尺/分钟的气流。

如果你能够指出这个段落的引子是不清晰的，那么你就发现了最大的问题。如果你还发现了它没有按照"从一般到具体"的原则排列问题，你又答对了。第一句话已经在一定程度上详细说明了空气供应的路线，但没有提出任何主张来框定要点。或许，最清晰主张出现在接近结尾的地方："这次管道改造导致了高静压损失。"

在你进一步阅读之前，试着为这段话写一个清晰的首句来引出整段内容。在下面的修订版本中，你可以看到工程师的修改（不幸的是，这仅仅是作为作业完成的，而不是在发给客户之前完成的）。注意，他使用了原文中的第二句话，但另外添加了一句明确的主张：我们遇到了"一个问题"。现在，这个引子用一句主张和"问题-解决方案"的可靠结构设定好了这段话。读者现在就可以通过阅读来理解问题了：

| 空气分配管道系统最近进行了重新配置，但修改后产生了高静压损失的问题。 | **引子**：第一句话提出主张，并框定了我们的期待。 |

---

① 1立方英尺/分钟=0.028316847立方米/分钟。——编者注

最初，用于送风的风管被设计为能够处理 1800 立方英尺/分钟的回风。送风通过现有的回风管道在低层送出，然后通过现有的送风管道在高层返回。但在改造过程中，送风口的数量从 11 个减少到 7 个，造成了高静压损失的问题。因此，送风机无法提供预先设定中的气流。按照气流测量报告显示，它只能输送 1116 立方英尺/分钟的流量。

聚焦： 整个段落都在讨论风道中气流减少的问题。

排列： 段落首先解释了原始设计，然后是设计原则，最后是违背原则的问题。

这个段落并没有解决问题，但现在它用"问题-解决方案"结构中的问题部分清楚地定义了问题。它关注的是改造过程如何破坏了风管设计的原则。最后一句则通过精确地指明问题强化了"问题"的概念。

将引子、聚焦和排列熟记于心，这样你就可以用多种方式写出成功且多样化的段落。

确保强有力的引子

段落最重要的驱动因素是引子，因为它引导读者形成对段落的期望。因此，引子完成了两件事：

1. **提出主张**——一个段落提出一个主张，这一主张之后会由段落的其他部分支持。这些主张不必是报告的"大"主张。事实上，它们需要做的是提供构建主要主张所需要的子主张。

2. **设定框架**——我们可以在一篇文章的开头、一个章节的开头或一个段落的开头设定读者的期望。两种主要的框架策略是"接下来的内容"和"什么是关键":

- "接下来的内容"快速概述了后续信息。在较长的段落中,或你知道读者会略读细节的情况中,它将会特别有用。
- "什么是关键"在开头就为读者提供了真正重要的信息,这样他们就可以在自己的需求被满足后,"放松"地阅读段落的其余部分。

再看看前面管道工作相关段落的修改版本。你看到了哪种设定框架的方法?它其实采用了"什么是关键"的方法:"问题"是关键的,因而读者会明白为什么段落聚焦于此。考虑一下隔音墙的例子。它也提供了"什么是关键"的信息——"从一般到良好"的判断。基于这些关键信息,读者在阅读段落的其余部分时,目的就只是理解这一评价了。

无论引子是使用"接下来的内容"还是"什么是关键"的方法,它都帮助读者构建了对该主张将实现什么的理解。段落的开头设定**框架**和**主张**。

保持聚焦

保持聚焦可能是学生会遇到的最大的段落问题。通常,学生们试图拓展一个想法,并认为段落越长越好。这种想法会导致段落缺乏重点。因此，为了保持聚焦，可以使用两种策略：突出修辞模式，并让段落中每句话的主语对齐。

1. 突出修辞模式

通常，框架设置了修辞模式，就像上面两个段落的例子所示。第一个段落从"一般到良好"的评估开始，突出了**分析**，因此我们希望它分析导致这一判断的部分。第二个段落强调**问题**，所以我们期待对问题的解释（同时我们期待随后会提供解决方案）。

每个段落都足够构建其在修辞模式中的一部分（即，第二个例子没有完整完成"问题-解决方案"结构），使读者对段落所包含的内容产生明确的期望。

2. 对齐主语

保持段落聚焦最简单的方法之一就是确保句子在**字面上**是关于同一件事的。你可以通过将相同的概念放在段落中每个句子的主语位置来做到这一点。下面这段存在引子写得失败的问题。不过，我们先把注意力放在主语上，因为它们可能有助于我们解开这个谜题。在下面的段落中，每个主语组都被加粗了：

（1）在 37 号高速公路和 16 号高速公路间的大约中间位置，有**一条 4 线高压水电走廊**沿东西向穿过研究区域，横跨 63 号高速公路。（2）**西南铁路惠顿线**（Southwest

> 第（1）句令人困惑，因为实际的主语是在我们的焦点确定之后出现的。
>
> 第（2）句将主语从水电完全改为铁路线。

第七章 开发可读性强的风格

Rail Wheaton Line）东西向穿过研究区域南部的 63 号公路。（3）**沃尔特伦多式联运设施（Voltrann Intermodal Facility）** 位于北端。（4）在自然环境方面，**邦布利河（Bumbly River）流域**是该地区的主要特征，37 号公路支流和戈利溪（Golly Creek）子流域贯穿研究区域。（5）**临近区域的植被**以文化衍生群落为主。（6）根据县政府的官方规划，在研究区域内**没有指定的自然特征**。

> 句子（3）和（4）也引入了完全不同的主语。

> "植被"与"自然环境"有关，因此第（5）句由第（4）句引出。

> 第（6）句同样提到了"自然特征"，但为时已晚，无法突出重点。

这段话的主旨被深深埋藏了。它只在前两句中被顺带提及："研究区域"。即使有了这个信息，这段话也没有明确说明正在研究什么，是水电线路、铁路线，还是其他完全不同的事物。

段落中句子的主语从一个话题跳到另一个话题，使得段落感觉支离破碎、没有重点。它受到了分散效应的影响。读者会说"它并不流畅"。请注意，当我们对齐主语，并提供一个清晰的引子句时，上述情况是如何被改变的。

（1）研究区域是位于量子县（Quantum County）63 号高速公路上一段 22 英里[①]长的路段。（2）它以（It is）37 号和 16 号高速公路为界，受到一个水电走廊、一条铁

> 63 号高速公路？令人惊讶的是，它确实是研究的核心内容。

> 第（2）句采用"接下来的内容"的设置，将重点保持在研究区域上。

---

① 1 英里 =1.61 千米。——编者注

路线和邦布利河流域的影响。(3)大约在研究区域的中心位置，有一条4线高压水电走廊，沿东西向穿过63号高速公路。(4)就在研究区域的南部，西南铁路惠顿支线沿东西向穿过63号高速公路。(5)北端是沃尔特伦多式联运设施。(6)研究区域横跨邦布利河流域，并被37号公路和戈利溪子流域贯穿。(7)邻近区域的植被以文化衍生群落为主，根据县政府的官方规划，没有指定的自然特征。

> 句子(3)、(4)和(5)使用方位词"中心位置""南部"和"北端"，保持了一致的重点。

> 第(6)句回到"研究区域"，为自然环境的讨论做铺垫。

> 第(7)句的重点是"邻近区域"的植被，以便与前面的论述统一起来。

对齐主语不要求非常严格地遵守要求，但尽量减少主语的变换确实有助于聚焦。请注意，在上面的示例中，句子(3)、(4)、(5)实际上有完全不同的主语；然而，它们在**感觉**上是对齐的，因为位于主语位置（每个句子中的第一个分句）的信息通过地理位置（中、南、北）与段落的主语对齐。句子(3)和(5)颠倒了句子的顺序，把主语放在动词后面，也只是为了保持重点对齐。句子(4)也改变了主语，但为了保持重点，在主句之前句子使用了一个连接短语来开头。

当我们把太多不同的观点放在主语位置时，就会像原始版本一样，让分散效应破坏了段落的重点。即使我们必须改变主语，我们也可以像当前的修订版本一样，对句子进行排列，从而保持单一的重点。

> ### 关于"过渡句"的注意事项
>
> 许多学生已经学会了一个"技巧",纠正这个技巧可以让写作更为有效。他们学会了段落的最后一句应该是一个"过渡句",以连接到下一段。这其实会导致重点不集中。
>
> 当段落在最后是结束状态而不是有所展望时,它是最连贯、最有凝聚力的(换句话说,它最合理且最紧密地联系在一起)。在63号高速公路的例子中,下一段的第一句话是这样的:
>
> > 本设计报告概述了63号高速公路西侧天桥的规划和走廊保护过程。
>
> 如果把这个句子附在上一段的末尾,就会造成不连贯的问题。这一段描述的是研究区域的关键特征,而不是对报告的解释。这两个是完全不同的内容。
>
> 在段落的第一句话进行过渡连接,总是比在段落的最后做要好。

实现优美的排列

前面我们已经讨论了修辞模式(见第二章),这里我们关注排列的第二个方面:从一般到具体。一个排列良好的段落只能围绕一个清晰的引子展开。下面这段话不太好,因为它在建立大意之前就深入讨论了细节。阅读这段话，然后试着由你自己创建一个清晰的开头句。

> 为了满足《环境影响评估法》（Environmental Assessment Act）的要求，必须对一个项目进行替代方案的审查。替代方案考虑了多种不同的方法来处理特定的问题或机遇。例如，在拓宽道路之前，必须探索公交的替代方案。《环境影响评估法》还要求考虑设计替代方案。这些替代方案在范围和性质上都有根本的不同。在确定方法后，设计替代方案探讨了应用该方法的不同方式。

你有没有注意到，段落中间似乎遇到了一个障碍？在这里法案被再次引入了。你能否看出段落实际上是在试图解释法案中两项不同的要求？最简单的引入就是用列举来说明这一点。然后，可以按照从一般到具体的逻辑，对每个替代方案进行排列。这里提供一个可能的修订版本，其中有明确的主张和框架，从而集中读者的注意力。请注意，列举法让段落在第（4）句中深入讨论了第一种替代方案的细节，接着在第（5）句中提出了对第二个替代方案更为一般的陈述，最后才在最后两句中深入讨论了第二个替代方案的细节。

（1）《环境影响评估法》要求对两类替代方案进行审查：工程替代方案和设计替代方案。（2）这些替代方案在范围和性质	第（1）句陈述主张，通过列举法提出可以聚焦注意力的框架。 第（2）句聚焦两类替代方案之间的"差异"。

上有本质区别。(3)首先，工程替代方案考虑的是处理特定问题或机遇的一些根本不同的方法。(4)例如，在拓宽道路之前，必须先探讨公交替代方案。(5)其次，在选定一种方法后，设计替代方案才开始发挥作用。(6)设计替代方案研究的是应用所选方法的不同方式。(7)例如，如果选择了拓宽道路，这一阶段将研究缩窄中线和路肩、使用集散车道等方式。

> 第(3)句和第(4)句介绍第一类替代方案，并给出一个具体示例。

> 第(5)句使用"其次"表示与第(3)句的并列关系。

> 第(6)句和第(7)句提供了关于第二类替代方案的具体细节。

对段落的排列表明，引子对段落的凝聚性有巨大的影响。通过将"两种类型的替代方案"设定为法案的要求，作者为读者理解这两个想法做好了准备，并在一般性和具体性之间进行切换。因此，当第(5)句说到"其次"并给出明显的"替代设计"提示时，读者可以相对轻松地从第(4)句的具体例子，转移到下一个替代方案的一般性描述上。

排列是一个丰富的概念。它的根源在于修辞模式这个最重要的要点。这个例子确实有其修辞模式，即通过两个概念之间的**差异**来体现比较。每个要素都是作为整体概念（《环境影响评估法》的要求）的一部分而发展起来的。同样，每个段落也都在构建一种修辞模式中发挥作用。如果我们能识别其中的一种（或几种）修辞模式，我们就能写出更连贯、更有凝聚力的段落。

162　**项目符号列表和编号列表段落**

一些作者似乎认为，并不需要像关注文本块一样去注意项目符号和编号列表。但实际上，列表仍然需要**引子**、**聚焦**和**排列**。当列表没能使用段落的编排原则时，它们就会变得分散且难以理解。

以下是一位电气工程师给出的建议清单，它被用来证明在城镇入口的一段高速公路的扩建工程中调整照明的合理性：

1. 根据交通部的指导方针，63号公路沿线的照明被认为是可选的。
2. 指导方针还指出，应考虑当地因素。
3. 这条高速公路在西端与当地的城镇道路合并，那里有路灯；而在东端，有两条当地街道，在诺丁汉大道（Nottingham Drive）和舍伍德大道（Sherwood Boulevard）之间的电线杆上有照明。
4. 扩建工程已经包括人行道/自行车道。
5. 2008年至2013年的夜间交通事故报告显示，这一路段的交通事故率比州高速公路的平均水平高出20%，其中大多数发生在十字路口。
6. 从照明到无照明的频繁变化通常被认为是司机的潜在危险。

这个列表的引子、聚焦、排列有哪些问题？
首先，你能回答以下这些读者想从列表中了解的关键问题吗？

- 他在建议什么？

- 如果照明是"可选的",这是一个好选择还是一个坏选择?
- 第 2 项到第 6 项的建议是什么?也就是说,读者在阅读这些要点时应该**做什么**?

我们无法回答这些问题。工程师只是告诉我们照明是可选的,然后他描述了一些可能应当被考虑的当地因素(正如第 2 项所建议的)。

当我们运用引子、聚焦和排列原则时,作者的观点会突然变得清晰许多。

虽然,根据交通部的指导方针,63 号高速公路沿线这段的照明是可选的,但该指导方针也要求考虑当地因素。考虑到这些因素,我们建议为这个项目提供全面照明,原因有三:	引子:段落没有直接列表,而是基于指导方针构建了主张——"尽管有指导方针,但也考虑当地因素"。
	引子:第二句话明确建议全面照明,并将段落剩余部分的内容框定为"原因"。
1.63 号高速公路的这一段作为地方道路使用,向西汇入梅林伍德路(Merlinwood Road),并在东端与两条地方街道相交。此外,该项目要求设置人行道,这也表明了其具有城镇道路的特性。	聚焦:现在这个列表澄清了原因。例如,第一个原因(合并了之前的第 3 项和第 4 项)解释了考虑沿路设置路灯的相关性。
2.从 2008 年至 2013 年,这段路的夜间事故发生率比州际公路平均水平高出 20%,大多数事故发生在十字路口。	排列:这三项的顺序展示了一个逻辑上的递进,从明确这是一条地方道路,到解释这条道路的问题(事故),再到解释事故的可能原因(照明变化)。

3. 频繁的照明与无照明变化被认为是驾驶员的隐患。在这不到 0.75 英里的路段内，由于拓宽项目西侧有连续照明，且项目范围内诺丁汉大道与舍伍德大道之间有电线杆照明，因此存在三次照明变化。

全面照明将消除照明变化，从而提高驾驶员、行人和骑行者的安全性。

聚焦：最后一句话强化了在列表之前就提出的建议，并总结了对所有人来说都至关重要的安全问题。

164　　遵守段落的原则使列表和主张变得清晰。这就是根据简单原则搭建的结构对段落的强大作用。

列表段落，无论是编号还是项目符号，都在逻辑上提出了四种可能的修辞模式：

1. 流程——一个点接一个点，通常按时间顺序进行。上述"环境评估"段落中的两个替代方案就是一个顺序。
2. 因果关系——一个点接着另一个点，作为其结果。
3. 比较选项——列表中的项目可能是相互排斥的。读者也许可以在它们之间选择，也有可能只有其中一个可能发生。
4. 累加——每一点都会为前一点增加某些内容。

在上面的照明示例中，累加发挥了作用。如果这条路已经作为城镇道路这条理由还不充分，那么事故率高得令人无法接受的事实应该能说服读者。如果这还不足以说服读者，那么照明不均匀的问题应该能起到作用。综上所述，这三点加在一起，支持了提供照明将提高安全性的最终主张。

创建列表时的两个常见问题

编写列表的人通常会遇到两个直截了当的问题：

1. 我应该用项目符号还是编号？
2. 什么是"平行结构"，它重要吗？

1. 我应该用编号还是项目符号？

在两种情况下，使用编号似乎是合乎逻辑的：

（1）如果你用数字来引出列表——比如"四种可能性"——那么你自然会按照逻辑为列表项目编号。通常，这种用法伴随着累加的效果。

（2）如果列表中的项目暗示了某个顺序，那么请给项目编号。

在上述两种情况之外，你可以使用项目符号。

2. 什么是"平行结构"，它重要吗？

平行结构意味着每个条目应该遵循相同的语法结构。这很重要，因为它更容易使人理解。为了理解其重要性，请考虑一份工程师的报告中的如下列表：

顶扇系统的噪声问题是由以下几个因素造成的：

- 缺失的轴承轮毂环；
- 防护网被拉松了，以至于防护网被风扇叶片撞击——可能是动物造成的；
- 存在于内壳中的灰尘和碎片；
- 磨损不均匀的转子。

哪个条目与其他条目不同？如果你认为是条目2，那么你答对了。其他三个条目都是名词短语（带有一些修饰词的名词），而条目2是一个完整的句子。条目2应该像其他条目一样被修改为名词短语。然而，它包含了太多的信息，修改起来很困难。工程师将一些额外的信息挪到了开头，因为这些信息实际上影响着所有内容：

顶扇系统的噪声问题是由松鼠在内部机壳筑巢引起的，这导致了：
- 被风扇叶片撞击的松动保护罩；
- 缺失的轴承轮毂环（可能被嚼碎了）；
- 存在于内壳中的灰尘和碎片。

这些因素导致转子磨损不均匀，进而引发噪声。

需要注意，本次修订中，最后一点已被移动出来成为单独的一条。它是前三个条目的结果，而不仅仅是另一个条目。

不论是把单个要点写成完整的句子、短语，还是单词都可以，只要让它们保持一致就可以了。在团队合作撰写的文档中，一致性往往成为一项挑战，因为有人可能会在别人的列表中添加项目符号。如果其他人已经建立了列表项目的组织结构，就尽量遵循它，或者就要准备好修改整个列表。

如果浏览本章中的各种列表你就会发现，列表元素的范围是很广的，可以从完整的句子到短语。只要保证列表中的项目是平行的，你的列表也同样可以多样化。

整合段落

无论段落是一个文本块还是一个列表，它都需要充分利用三个原则：**引子**、**聚焦**和**排列**。如果你坚持做到这三点，你就会拥有成功的段落风格。

当然，这种策略确实会把你推回到之前讨论过的逻辑：主张是需要论证的。主张能够构建段落。推理基于逻辑来发展修辞模式，从而聚焦注意力。这种修辞模式反过来又为段落中信息的排列提供了逻辑。这只是巧合吗？当然不是。

- 使用一个**主张**和**框架**来建立段落。它可能不是报告整体的最大主张，但它仍然是段落的主张。
- 选择那些能够**重点**支持该主张的**推理**和**证据**。
- 选择一种**修辞模式**来定义段落中信息的逻辑**排列**，然后从总体到细节进行展开，以便读者能够持续集中注意力。
- 通过**对齐主语**来**排列**段落，以尽量减少分散效果。

关于标点符号的五大问题（以及直截了当的答案）

1. 我必须在列表的倒数第二项后面加逗号吗？

"新设计改善了空气流通，布局(,)和效率。"

"布局"后面的逗号有必要吗？不，它是可选的。这个逗号被称为"牛津逗号"，也许是因为聪明人会使用它。这就引出了一个问题：为什么要使用它？简单地说，它清晰地把想法区分开来。在这个例子中，没有人会错误地认为"布局和效率"是同一个实体，但这是可能发生的。牛津逗号防止了这种情况。

2. 如何在项目符号列表中添加标点符号？

好问题。几种不同的建议如下：

- 不要在项目符号列表中加上标点符号。
- 像文本块中的列表一样给项目符号加标点（即，在每个项目之间加上逗号或分号）。
- 在最后一项后面加上句号，但不要在列表中间加上标点符号。

由于"规则"并不一致，导致混乱盛行。中间这条建议来自IEEE 的体例手册，它似乎没有必要，因为一个项目符号本身就是一种标点符号。我个人的偏好是这样处理项目符号列表：

- 如果每个项目都是一个完整的句子，或者每个项目符号中包含多个句子，就在每个项目的末尾加上句号。
- 如果项目符号列表是由短语或单个单词组成的，那就不在项目列表之间使用标点符号。

3. 说到分号，我们什么时候使用它们?

正确使用分号（和撇号）是体现智慧的基本指标之一。如果你能正确使用分号，人们就会认为你很聪明。工程师只有两种可能使用分号的方式，所以这甚至不算那么糟糕。

（1）在文本块段落中列表时，在连接复杂的项目时使用分号。请等一下：如果我有一个列表，我会将其转换成项目符号，所以其实我不会这样做（除非我遵循 IEEE 的格式，在项目符号末尾使用分号）。这样就只剩下一种使用分号的方式了。看，事情变得更简单了。

（2）在本可以使用句号的地方，用分号连接两个完整的句子。通常情况下，这伴随着一个连接副词。所以，我们可能会看到这样的内容：

转换器冒烟并火花四射；然而，它仍然消耗了样本。

即使没有"然而"这个词，你也会在这里使用分号。注意：某些从属连词虽然看起来像连接副词，但使用它们时不需要分号（最容易记住这一点的方法可能是简单地学习四大从属连词：因为 [because]、尽管 [although]、然而 [whereas] 和除非 [unless]。使用这四个连词时不需要使用分号）。

4. 冒号是干什么用的？

冒号有两种用途：

（1）它们引导列表，通常是项目符号列表或编号列表。

（2）它们用于介绍值得特别注意的单词或短语：技术术语。

工程师很少以第二种方式使用冒号。冒号之前**应该**是一个完整的句子。这在很多写作实践中会有变化，但最好还是谨慎一些。

5. 应该如何使用撇号？

撇号确实会引起相当多的麻烦，而且用错它们也会让读者感到懊恼。所以，这里有四个在所有格中使用撇号的规则：

（1）人称代词从不带撇号：hers, ours, yours, theirs, its, whose 和 oneself。是的，包括 its（见第 2 点）。

（2）Its（它的）≠ it's（它是）。its 这个词（没有撇号）是所有格，意思是某物**属于它**。缩写词 it's 表示它是。人们会感到困惑，因为我们用 's 来表示名词的所有格（例如，Jon's），但我们表示 his 时是不用撇号的。Its 和 his 是相关的，而 it's 则和 he's 是相关的。把这个弄清楚，看起来会显得更有智慧。如果担心存在疑问，那就完整地拼写出来：it is 总是可以代替缩写的。

（3）不要用撇号表示复数。dog 的复数形式是 dogs，而不是 dog's 或 dogs'。这些都是所有格。因此，这里还有一些使用复数的指导原则：

 i. 如果你想用复数所有格，加一个撇号但不加 s（例如，girls' night out, helpers' tools）。

 ii. 除非复数形式不以 s 结尾，这种情况下使用 's（例如，

children's play，men's meeting，the teeth's edges）。

这里有三种例外：我们使用撇号来组成通常不使用复数形式的数字、字母和动词的复数形式（例如，70's，p's 和 q's，do's）。

（4）有种比较奇特的情况发生在试图把以 s 结尾的专有名词（尤其是名字）变成所有格时。你可以加一个 's 或只加上一个撇号。选择哪一种实际上并不重要，但要尽量保持一致。有些人选择在 's 发音的时候加上它们。这有一定的道理，但发音并不总是统一的。因此，可以考虑以下情况：

- 如果这辆车是 Jonah 的，它是 "Jonah's car"（因为 's 要发音）。
- 如果这辆车是 Jonas 的，它是 "Jonas' car"（因为多余的 s 不发音）。
- 如果一项政策适用于伊利诺伊州（Illinois），我们会说它是 "Illinois's policy"（'s 发音；因为没有所有格时，s 是不发音的）。

这些"规则"并不完美，也有很多例外，但它们应该能帮助你正确使用撇号，在大多数情况下，足够让大多数人信服了。

提升写作的流畅性

段落很少单独存在。它们是支持主张并构成报告的一系列观点的组成部分。它们通过标题和小标题连接在一起，这些标题和小标题很大程度上引导着读者阅读文档。即使是一封只有一个段落的电子邮件，也不是独立的——它有一个主题行，在发送该信息之前可能还有一连串的电子邮件对话。当我们连接段落和逻辑以把想法串联在一起时——尤其是在一篇报告的各个部分中——我们需要关注的是使段落"流畅"。我们已经看到了在段落中对齐主语是如何提升流畅度的，不过我们可以在此基础上再使用三个策略来创建具有可读性的流畅的内容：

- 使用过渡来引导读者。
- 通过已知的信息组织成新的信息。
- 利用主语-谓语-宾语结构，使句子更加有力。

构建过渡

过渡在段落内部和段落之间发挥作用，可以澄清观点、加强逻辑关系，并减轻由读者自己串联信息点的任务负担。

有效的过渡可以将混乱的信息变得清晰易懂。然而，过渡往往会带来困惑，一部分原因是我们有时并不太清楚它们是怎么工作的。本节将重点介绍四种类型的过渡，以便你能够有效地使用它们。通常，这些角色是由连词扮演的。**连词**这个词的简单含义就是"连接在一起"，所以不用担心这个列表中的复杂术语，它们马上就会变得有意义。这四种过渡是：

- **并列连词**将不同的观点连接在一起，而不赋予任何一方优先级（和 [and]，但是 [but]，或 [or]，因而 [so]，而 [yet]）。
- **从属连词**通过将一个观点置于另一个之上来连接它们（尽管 [although]，之后 [after]，因为 [because]，由于 [since]，然而 [whereas]，而 [while]）。
- **连接副词**建立了对立、因果、累加等复杂关系（但是 [however]，因此 [therefore]，此外 [in addition]，总之 [in conclusion]，因此 [as a result]）。
- **关联词**调整观点之间的平衡，以确保平等（不仅 [not only] … 还 [but also]，要么 [either] … 要么 [or]）。

这些连词可以在段落之间、句子之间以及句子中的观点之间使用。无论它们出现在哪里，它们都将观点联系起来，彼此之间往往有着复杂的关系。

用并列连词将内容连接在一起

你其实并不需要关于并列连词的说明，因为你一直在不假思索地使用它们。然而，使用"and"时需要注意一点。在对话中，我们会随意地用"and"来连接各种事物。它在口语中起作用，因为语调和表情可以帮助我们创造清晰度。然而，在书面写作中通常要更精确些。

参考前几天我无意中听到的学生之间的对话。请留意"and"起到了什么作用：

我们必须完成 CS 项目**和**（and）运筹学的期中考试，**以及**（and）我们通宵都在学习。我们的 CS 项目完成晚了，**还有**（and）教授在我们提交之前就关闭了提交箱。

把上述版本与下述版本对比一下，下述版本用更精确的关系取代了随意的"and"：

我们必须完成 CS 项目，**但**（but）运筹学有期中考试，**所以**（so）我们通宵都在学习。我们的 CS 项目完成晚了，**但是**（but）教授在我们提交之前就关闭了提交箱。

修改后的版本仍然使用了简单的连词，但两个观点之间的关系更加清晰了——CS 项目与期中考试是对立的（也就是说，两者必须同时发生），"but"表达出了这种对立，而"and"没有。熬通宵是因为期中考试的时间安排，"so"确立了这种因果关系。最后，迟交与开放提交箱是对立的，所以句子里用"but"来处理这个问题。

当使用"and"时，请确保内容之间的关系仅仅是连接在一起。

并列连词

和（and）　但（but）　为了（for）　或（or）　所以（so）　而（yet）

174　用从属连词建立从属关系

从属连词在提示读者如何理解句子或段落中的重要内容时具有强大的作用。比较下面两个句子：

The lined cast-in-place tank is more expensive, but it is feasible and can be protected from truck traffic.
内衬现浇储罐成本较高，但可行，而且可以防止卡车通行。

Although the lined cast-in-place tank is more expensive, it is feasible and can be protected from truck traffic.
尽管内衬现浇储罐的成本较高，但它是可行的，而且可以防止卡车通行。

严格来说，两句话的区别是过渡词的选择。左边的句子使用了一个简单的并列连词，没有优先考虑"成本"或"可行性"中的任何一方。考虑到成本在工程中几乎总是决定性的因素，平等关系可能是不够的。

右边的句子使用了一个从属连词"尽管"（although）来弱化前半部分，从而强调可行性。毕竟，即使会计们更喜欢，但一个便宜但不可行的想法是没有多大用处的。强调可行性，就把重点放在了正确的地方。

从属连词总是从句子中较不重要的部分开始。它们可以出现在两个部分之间的连接处，也可以出现在句子的开头，就像上面第二句的例子一样。考虑如下的从属部分：

……**因为**（because）最好的替代方案将在 18 个月内不可用。

此后（After）委员会决定对该学生进行纪律处分……

……**只要**（as long as）载荷不超过 1 万吨。

由于（Since）第一次试验没有定论……

请注意，这些句子的每部分都不能表达一个完整的思想，然

175　而，如果去掉从属词（加粗），它们就成了完整的表述句。这就是从属连词的力量：它创造了一个"从属从句"。

从属连词的真正力量也体现在从属从句可以出现在主句的开头、中间或结尾这一事实上。考虑这些陈述作为它们所属整体的部分：

> 迪威公司（Devco）应该等待新的机器人物流系统的投入使用，**因为**（because）最佳替代方案将在18个月内不可用。
>
> （After）**在**委员会决定对这名学生进行处罚**后**，他的室友在Facebook上发布了照片。
>
> **只要**（As long as）有效载荷不超过1万吨，15T电缆应该就足够了。
>
> **由于**（Since）第一次测试没有定论，我们在更严格的条件下重复了测试。

在每种情况下，从属表达都强调了句子的主要部分。所以，当我们想要调整相关观点之间的重点时，我们可以使用从属连词弱化一个观点，从而强调另一个观点。

使用从属连词来降低一个不重要的想法的重要性，使其依赖于一个更重要的想法。

常用从属连词

之后（After）	尽管（Although）	仿佛（As if）	为了（In order that）
当……时（When）	虽然（Though）	好像（As though）	因为（Because）
在……期间（While）	即使（Even though）	哪里（Where）	自从（Since）
只要（As long as）	而不是（Rather than）	如果（If）	一旦（Once）
随着（As）	然而（Whereas）	无论哪里（Wherever）	既然（Now that）
之前（Before）	无论何时（Whenever）	除非（Unless）	
直到（Until）	即使（Even if）	以便（So that）	

打破"因为"（because）的神话

一些学生被教导不能用"因为"（because）开始一个句子。为什么不能呢？这里的顾虑是如果用"因为"（because）开始一个句子，你可能会创造一个不完整的句子：

> 因为（Because）最好的替代方案将在18个月内不可用。

如果这是整个句子，上述顾虑是有效的。一些老师认为我们需要一个规则来防止前述情况，因此他们简单地制定了一个规则，说我们不能以"因为"（because）开头。但是，当然，我们可以这样做。考虑以下两种替代方案：

> 因为（Because）最佳替代方案将在 18 个月内不可用，迪威公司应该等待新的机器人物流系统投入使用。
>
> 迪威公司应该等待新的机器人物流系统投入使用，因为（because）最佳替代方案将在 18 个月内不可用。
>
> 尽管这两种表达中，一个把"因为"（because）从句放在开头，另一个把它放在结尾，但两者都是正确的。
>
> 你可以在句子的开头使用"因为"（because），只要你把"因为"（because）从句附加到主句上。

用连接副词建立复杂关系

连接副词看起来像从属连词，但它们有一个关键的区别：**副词修饰动词**。动词是句子中的动作词。所以，连接副词是用来连接动作的。考虑这个例子（作为参考，Bagger 271 是一种用于露天矿开采的超大型挖掘机）：

> 奎里科大桥（The Qualico Bridge）被设计（was designed）的承载能力为 60 吨；然而，Bagger271 重（weighs）它三倍以上。

看看这些动词就知道了:"**被设计**"(was designed)但是"**重**"(weighs)。设计与负荷相反。再试一次:

Bagger271 重(weighs)桥梁极限三倍;因此(therefore),它必须通过备用路线移动(must be moved)。

同样,我们可以看到"**重**"(weighs),因此"**必须通过……移动**"(must be moved)。这两个从句之间联系的关键,是动词之间的关系。连接副词阐明了这种关系的性质。如此,它便阐明了逻辑。

本质上,连接副词可以建立四种关系,如下表所示。列表中的单词大家都很熟悉。

常用连接副词

累积	详细说明	相反或对比	总结
此外 (besides)	首先 (above all)	然而 (however)	因此 (as a result)
而且 (furthermore)	因此 (accordingly)	而是 (instead)	因此 (consequently)
进一步 (further)	显然 (apparently)	尽管如此 (nevertheless)	最后 (finally)
此外 (in addition)	无论如何 (at any rate)	另一方面 (on the other hand)	因此 (hence)
更进一步 (moreover)	例如 (for example)	否则 (otherwise)	总之 (in conclusion)
	例如 (for instance)	宁可 (rather)	尽管如此 (nonetheless)

事实上 （in fact）	然后 （then）
特别是 （in particular）	因此 （therefore）
的确 （indeed）	因此 （thus）
同时 （meanwhile）	
即 （namely）	

178 　　这些词比简单的并列连词更有力、更正式，尽管"但是"（but）和"然而"（however）传达的意思非常相似。当我们试图强调时，我们应该使用连接副词来增强它为观点带来的冲击力。

　　与从属连词不同，连接副词可以放在不同的位置上。所有词汇都携带相同的基本含义，但它们在强调时会创造细微的差异。考虑下面陈述的四个版本：

　　1.奎里科大桥的设计载重量为60吨；**然而**（however），Bagger271的重量是它的三倍多。

　　2.奎里科大桥的设计载重量为60吨。**然而**（However），Bagger271的重量是它的三倍多。

　　3.奎里科大桥的设计载重量为60吨。Bagger271的重量是它的三倍多，**然而**（however）。

　　4.奎里科大桥的设计载重量为60吨。Bagger271的重量，**然而**（however），是它的三倍多。

前两个版本都把连接副词放在了句子的连接处。唯一的区别是标点符号的变化：第一个版本要求读者抓住第一个想法，因为它将被调整（这就是分号向我们暗示的），然后再传达出这个调整。第二个版本并没有向我们表明它会被调整，所以我们先处理这个观点，然后再添加调整。由于所有这些都发生在皮秒（形容极短时间）内，所以任何一个版本都是可行的；不过，第一个版本在认知上更有效率。

第三个版本创造了一种不同的阅读体验，因为即使两个重量是不匹配的，我们也会等待出现对立的一面。延迟的"然而"（however）会让读者理解得更慢。

最后一个版本的做法通常被认为是优雅的：它把过渡部分略微前移了，这样我们就能先了解新句子的主题，然后再注意它的对立面。这似乎是一个好主意；然而，和上一版一样，它减慢了读者的处理速度。

经验法则：**将连接副词放在连接处，以简化读者的思维处理过程。**

用关联词平衡强调的内容

关联关系让观点相互平行地平衡起来。通常，关联词会强调两个观点中的一个。考虑以下三个陈述。

1. 公司和（and）政府需要考虑这条路对环境的影响。
2. （Both）公司和（and）政府都需要考虑这条路对

环境的影响。

3. **不仅**（Not only）是公司，政府**也**（but also）需要考虑这条路对环境的影响。

第一个陈述没有使用关联词，所以"公司和政府"似乎需要一起思考。然而，当关联词在第二个陈述中发挥作用时，重点就转移了。"Both/and"关联词的作用是体现出公司已经考虑过了，但政府还没有。第三个版本使这种暗示更加明显：显然，政府有所疏漏，而公司则尽职了。这两个实体被分开以获得独立的关注，但两者都得到了强调。

关联词之所以强大，是因为它们可以用于变换句子或一组观点的节奏和焦点。考虑更多的例子来理解这种感觉：

没有关联词	该市可以挖掘提议中的地铁隧道，或（or）可以安装超高速单轨铁路。
有关联词	要么（Either）挖掘提议中的地铁隧道，要么（or）安装超高速单轨铁路。
没有关联词	超高速单轨铁路将提供更快的服务，并（and）能抵达城市的更多地区。
有关联词	超高速单轨铁路不仅（not only）能提供更快的服务，还（but also）能抵达城市的更多地区。

在每种情况下，关联词都改变了重点。在第一对例子中，重

点从中立地表达两种选择，微妙地转变为强调对第二种选择的偏好。在第二对例子中，优势的累加通过"not only/but also"得到强调。关联词扮演的角色与其他过渡词不太一样：它们的主要作用与其说是连接观点，不如说是创造强调。

在试图平衡观点时，使用"both/and"或"not only/but also"等关联词来创造强调。

回顾"过渡"这一步

过渡在创造意义和构建读者对结构的理解时是必不可少的。四种不同类型的过渡都有其独特的目的：

- 简单的并列连词只是把想法联系在一起。
  - 注意"and"可能会被误用。
- 从属连词削弱了以它们为开头的从句中的观点，使其依赖于主要观点。
  - 从属连词总是用在被削弱的分句的开头。
- 连接副词建立累加、详细说明、对比或总结等复杂关系。
  - 为了提高阅读效率，将连接副词放在观点之间的连接处。
- 关联词转移重点，以平衡那些可能得不到太多注意的想法。
  - 关联词更侧重于强调而不是连接。

十大（现在并且永远都应避免的）愚蠢的用法错误

"用法"错误指的是某个单词被错误地使用了。这十种讨厌的用法在每位读者的投诉清单中都名列前茅。[1] 你可能觉得我太挑剔了，但是，这**的确是**关于词语运用的问题。我可能没有你的导师或教授那么挑剔。这些错误中的大多数，或多或少都源于发音时的粗心，并且这种粗心渗透到了写作中。消除它们。消灭它们。**消失**（*Evanesco*）！[2]

1. Your（你的）与 You're（你是）

    这两个单词发音相似，所以要小心。Your 的意思是你拥有它。You're 意味着你是它。如果拼出"you are"，你就能避免这个错误。

2. Their（他们的）、They're（他们是）与 There（那里）

    这点和 your/you're 是一样的，但是需要额外注意一点。There 是一个地方。所以，要么他们拥有它（their），要么他们是它（they're），要么任何人都可以去它那里（there）。另一种"there"的用法值得一提。我们经常将 there 作为一个占位词，表示"它存在"。如："还有一个值得一提的用法。（There is another use worth mentioning.）"这种用法通常比较弱，所以要尽可能地改变措辞以避免出现这种情况："另一种用法值得一提。（Another use is worth mentioning.）"

3. Then（然后）与 Than（比）

    不要搞错这点。这点其实很简单，搞错它会让你看起来很愚蠢。Then 表示时间顺序。Than 表示两个事物的比较。考虑以下例子：

- I am better then you.（我更好，然后你才更好。）
- I am better than you.（我比你更好。）

第一句的意思是，首先我更好，然后是你。对"我"来说真倒霉。第二个说法则简单地说我比你好。对"你"来说真倒霉。

4. Affect（影响）与 Effect（影响）

Affect 和 effect 实际上可以构成四个单词，因为每个词既可以是名词也可以是动词。幸运的是，这两个词的常见用法有所区别。Affect 几乎总是用作动词，Effect 则几乎总是用作名词。

常见用法　Affect（v.）：改变或修改，如"这个演示影响（affect）了决策"。

Effect（n.）：由其他原因引起的结果，如"激光枪造成了毁灭性的影响（effect）"。

罕见用法　Affect（n.）：一种情感或欲望（可以联想到"感情"[affection]）。它通常只在人们显得装模作样时使用，比如："她的情绪表现（affect）非常令人不快。"（你也可以说，"她的情绪表现 [affect] 影响 [affected] 了我的观点"，但现在我只是在为了搞乱你的思绪。）

Effect（v.）：使发生，导致。所以，你可以说，"他实现了治愈。（He effected a cure.）"

简短的版本：Affect 是动词；effect 是名词。然而，如果你理解了两者的区别，你应该就能理解图 7.1 的漫画中的幽默[1]：

我的爱好：

使用"affect"和"effect"不太常见的含义来试图难住业余的语法纳粹（grammer nazis）。

I THINK THAT OUR FOREIGN POLICY EFFECTS THE SITUATION.（我认为我们的外交政策引起了这种情况。）

嘿嘿

YOU MEAN "AFFECTS."（你是说"影响。"）

图 7.1 示例

5. Loose（松的）与 Lose（输）

Loose 的意思是没有被绑起来。Lose 的意思是你输了。所以如果你称某人为 looser，你是在说他们释放了别人。

6. Could（能）of / Would（将要）of / Should（应当）of

在日常对话中，我们经常会说"could've"（或 should've，或 would've），其中 've 是 "have" 的缩写形式。人们在写作中犯这个丑陋的错误是因为 've 听起来像是 of。在写作中，使用 have；把缩写留给口语。这样问题就解决了。

7. Prove（证明）、Proof（证明）与 Significant（显著）

这些词都很危险。你已经学过微积分或线性代数，在这些领域中，"证明"（proof）具有特定且重要的含义。不要非正式地使用"proof"或"prove"。除非某件事在数学上得到证明，否则你没有证据。同样，"显著"（significant）应该是表示**在统计学上显著**。要小心那些不合理的显著性。

8. Literally（**字面意思**）

唉。这是已经渗透在日常对话里的流行语，但在任何专业讨论中都应被过滤掉。当有人用流行语这样说："我简直是**压力山大**（I was literally so hammered）"，我们可能会想知道到底是哪种锤子（hammer）造成了伤害：是大锤、球头锤还是爪锤。"Literally"意味着，嗯，"字面意思"——就像**确切地**（exactly）或者**精确地**（precisely）。作为工程师，你们是按照**精确**（precisely）和**确切**（exactly）来得到报酬的，所以最好不要使用**字面意义**（literally）。

9. Will（**将要**）与 Shall（**应当**）

在日常生活中，这一对词语是让人困惑的。在工程领域，它们甚至是完全令人费解的。让我们从日常的理解开始。从技术上讲，will 和 shall 都是既可以表示将来，也可以表示强烈的决心。

在表示将来时，shall 与第一人称连用，will 与第二和第三人称连用：

- 我明天会（shall）到达。
- 你（或他）将要（will）在没有我的情况下完成这个项目。

但是谁会像第一句那样说话呢？事实上，英国人会。然而，在英语不断演变的过程中，will 在北美所有描述未来的情景中都取得了胜利。

will 和 shall 也被用于表示"强烈的决心"——通常用于将来时，而用于现在时则带有强烈的力量感。在这种情况下，适用的人称就颠倒过来了：对于我（I）和我们（we）使用 will；对于你（you）、他（he）、她（she）和他们（they）使用 shall：

- 我一定会（will）按时完成这个项目。
- 马略科（Majorco）必须（shall）提供三个 50 千瓦的变压器。

最后一个例子是合同和规范中会使用的语言的示例。在工程规范里，shall 表示一种义务，而不是未来的条件。所以，"马略科**必须提供**"带有一种**必须**（must）的力量。有时在合同和规范中，语言表述会用 must 代替 shall，因为 must 不会带来指向未来这种模糊的含义。

10. Which（哪）与 That（那）

这组词语比较棘手，不过可以进行一个快速回答：大多数情况下你需要 that。一个完整的答案则会更加复杂。这个问题与**限制性**修饰语和**非限制性**修饰语有关。限制性修饰语对句子有必要的意义。它**限制**了句子。非限制性修饰语只是增加信息。考虑例句中带下画线的单词：

- 赢得比赛的机器设计最初是由陈（Chen）和沃尔特（Walter）提出的。

  The machine design *that won the competition* was first proposed by Chen and Walter.

- 法赫德（Fahid）和斯旺森（Swanson）优化了设计，使其能够在项目约束条件下工作，这些约束是在初始设计阶段之后给出的。

  Fahid and Swanson refined the design to make it work within the project constraints, *which were given after the initial design phase*.

- 法赫德和斯旺森优化了设计，使其能够在初始设计阶段后给出的项目约束条件下工作。

  Fahid and Swanson refined the design to make it work within the project constraints *that were given after the initial design phase*.

在第一个例子中，带下画线的词语对理解句子的含义至关重要。如果没有这些词语，我们就不会知道陈和沃尔特最初提出的是哪一种设计，正是这些词语解释了这一点。去掉它们会改变意思。因此，这些词**限制**了含义。

在第二个例子中，句子的主要内容出现在逗号之前。如果去掉带下画线的单词，句子前半部分的意思不会改变。因为这些词不改变意思，所以它们是非限制性的。

第二个和第三个例子的区别在于，在第二个例子中，直到初始设计阶段之后才给出了一些项目约束。另一方面，在第三个例子中，有些约束条件可能是更早给出的，不过那些迫使法赫德和斯旺森改进设计的约束条件则是初始设计阶段后给出的。因此，在第三个例子中，that 从句**限制**了正在讨论的项目约束的含义。

在正确的用法中，that 是限制性的，而 which 是非限制性的。因为我们经常使用各类短语和从句来聚焦和限制含义，所以大多数时候我们需要 that。不过，人们使用 which 是因为他们认为这听起来更聪慧一些。其实只有在使用正确时，这个词才听起来更聪慧。所以，尽量限制并只在其引导的从句不限制句子意思的情况下再使用 which 这个词。

从已知到新知

如果我们始终如一地从读者熟悉的概念开始——也就是"已知"信息——我们将能够帮助读者更有效地吸收信息，更完整地记住信息，并接受对他们来说可能完全陌生的观点。这个想法很简单，但意义深远：从你认为读者知道的内容开始。

考虑这三个句子：

- 奎里科大桥的最大负载为 120,000 磅。(The maximum load for the Qualico Bridge is 120,000 lbs.)
- 120,000 磅是奎里科大桥的最大负载。(120,000 lbs is the maximum load for the Qualico Bridge.)
- 奎里科大桥所拥有的最大负载是 120,000 磅。(The Qualico Bridge has a maximum load capacity of 120,000 lbs.)

显然它们传达了完全相同的内容——它们都精确地描述了一座桥的承载能力。然而，它们带来的阅读体验却完全不同。让我们逐一进行分析：

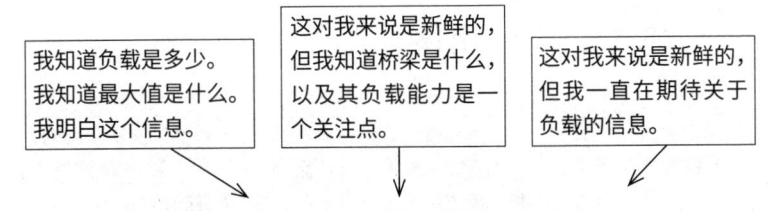

> 我知道负载是多少。我知道最大值是什么。我明白这个信息。

> 这对我来说是新鲜的，但我知道桥梁是什么，以及其负载能力是一个关注点。

> 这对我来说是新鲜的，但我一直在期待关于负载的信息。

**The maximum load for the Qualico Bridge is 120,000 lbs.
奎里科大桥的最大负载是 120,000 磅。**

第一个版本并不要求我"知道"太多。我只需要知道最大负载的概念。其他所有内容都是按照逻辑顺序提供的，这个逻辑顺序回答了显而易见的问题：

最大负载……

……什么的最大负载？"奎里科大桥"

……是多少？"120,000 磅"

这句话从已知信息**流向**新信息。

第二个句子就没有这么简单流畅了：

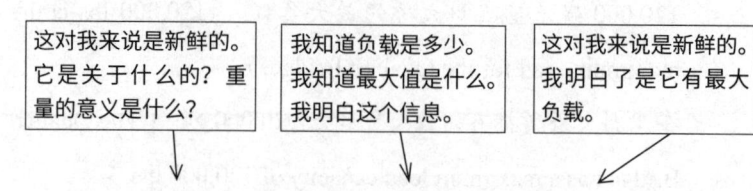

| 这对我来说是新鲜的。它是关于什么的？重量的意义是什么？ | 我知道负载是多少。我知道最大值是什么。我明白这个信息。 | 这对我来说是新鲜的。我明白了是它有最大负载。 |

120,000 lbs is the maximum load for the Qualico Bridge.
120,000 磅是奎里科大桥的最大负载。

这种安排带来的是不确定性，而不是熟悉感。我们可能知道"磅"是什么，也知道 120,000 意味着很多磅，但直到句子中出现"最大负载"时，我们才掌握了相关知识。

第三句话提供了另一种选择：

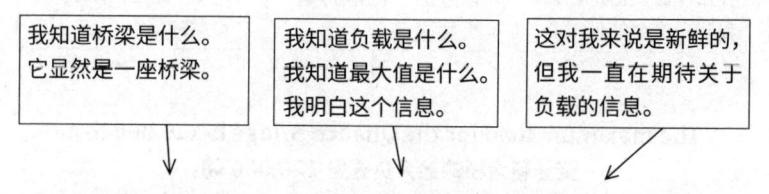

| 我知道桥梁是什么。它显然是一座桥梁。 | 我知道负载是什么。我知道最大值是什么。我明白这个信息。 | 这对我来说是新鲜的，但我一直在期待关于负载的信息。 |

The Qualico Bridge has a maximum load capacity of 120,000 lbs.
奎里科大桥所拥有的最大负载是 120,000 磅。

就像第一个句子一样，第三个句子也从读者容易知道的内容开始。在这种情况下，"已知"的信息非常具体。如果某份报告正在研究几座桥梁，第三种选择将提供最合理的起点。另一方面，如果报告关注的是桥梁的属性，那么第一种选择是最合理的。选项 1 和 3 都行得通，因为它们为读者提供了一种访问信息和对信息分类的方法。先是已知信息，然后是新信息。

这就引出了一个问题：什么算是"已知"信息？这是一个很好的问题，但它可以非常直接地理解。已知的信息可以分为三种基本类型：

1. **先前提到的事物**。显然，这不适用于开头句，但后面的任何句子都可以建立在前面已经介绍过的观点之上。如果你已经阅读了本章中关于连接副词的那一节，你可能已经对奎里科大桥很熟悉了。这就是一个先前提到过的已知事物。

2. **读者普遍了解的常识性知识**。对于更专业的读者，他们能够比新手接受更多的常识性知识。然而，我们需要非常小心地考虑我们认为已知的东西。在上面的例子中，"负载"对于工程领域的读者来说是已知的，但对于外行的读者来说可能不是最熟悉的。在这种情况下，先介绍"奎里科大桥"可能更好。

3. **一种惯例**。普遍的观念可以作为已知信息，例如"设计报告"。

这个原则——从已知到新知——不仅关乎句子中事物的顺序，也会影响段落的结构。以本章开头给出的段落为例，考虑"从已知到新知"的结构。

190

"墙"是简单常识。隔音墙可能需要一些特定知识。	（1）西侧的隔音墙总体状况是一般到良好。（2）隔音墙的所有构件都出现了中等至较宽的裂缝，并有轻微的风化斑点。（3）一些柱子的钢筋外露，正在发生锈蚀。（4）一些柱子的下部也有轻微剥落。（5）大多数柱子沿垂直线偏斜25毫米（朝向路面），还有一根柱子沿垂直线偏斜140毫米。（6）所有立柱的偏斜量都是在1829毫米（6英尺）的高度上进行评估的。	新知识是"一般到良好"这个特定信息。
第（2）句始终聚焦于墙。		第（2）句将墙的问题呈现为新信息。
"一些柱子"被认为是墙的组成部分。		第（3）句和第（4）句中，以有关柱子的新信息结束。
第（5）句从"柱子"稍微缩窄到"大多数柱子"，但这依然是已知信息。		第（5）句主句的新信息是沿垂直线偏斜的距离。
第（5）句有一个从句，将焦点缩小到一根柱子。		第（5）句的从句提供了关于一根柱子的新信息。
第（6）句中"所有偏斜量"是已知信息，因为它与"偏离垂直"有关。		第（6）句以提供关于测量过程的新信息作结。

　　大部分时候，这段话是从已知信息"流向"新信息的。从墙到柱子的转变是自然的；从"一根柱子"到"所有偏斜量"的跳跃是合理的，因为上一句提到了"沿垂直线偏斜"的问题。"所有"这个单词有助于实现从"一根"例外跳到"所有"柱子。在整段话中，没有一次是先提出新信息的。尝试阅读下面的版本，其中新信息被推到了每个句子的前面，看看这样的新信息会如何带来问题：

（1）隔音墙的西侧的状况是一般到良好。（2）所有构件都出现了中等至较宽的裂缝，并有轻微的风化斑点。（3）正在锈蚀的钢筋在一些柱子上外露了。（4）下部的轻微剥落也出现在了一些柱子上。（5）25毫米（朝向路面）的垂直线偏斜是大多数立柱的情况，除了140毫米的偏斜量是其中一根柱子的情况。（6）1829毫米（6英尺）是所有垂直偏斜量评估的高度。

听起来确实荒谬，确实如此。甚至听起来像尤达大师（Yoda）[①]那样。除非你正在创造一个被你背在背上穿越达戈巴沼泽的皱巴巴的小绝地大师，否则不要这样做。**用已知到新知，以产生流动性**（flow）。

那么，什么是"流动性"呢？就像水一样，流动描述的是无障碍的过程。在写作中，我们可能会把新信息放入管道中的错误位置，从而阻碍写作的进展。偶尔，我们可以侥幸逃脱，但如果我们经常这样做，就会堵塞管道。"从已知到新知"是一个确保大脑不被堵塞的绝佳策略。

让"从已知到新知"发挥作用

在你的写作过程中，用"从已知到新知"来完成两个任务：

[①] 尤达大师（Yoda）是电影《星球大战》（*Star Wars*）系列中的角色，是一名绝地武士（Jedi），以喜欢说倒装句而闻名。——译者注

1. **打破作者的思维阻塞**——如果你不知道接下来该说什么，回头看看"已知"的信息是什么，并利用已知的信息继续写作。

2. **修改以做到"流动"**——当一份文档完成后，快速浏览一遍，关注每个句子的开头并问自己"这是已知的吗？"。如果答案是肯定的，那就继续。如果答案是否定的，就进行修改。

强化句子

有很多小技巧和策略可以用来在特定情况下打造强有力的句子，[3]但你在大部分情况下可以使用两个通用的要点：

1. 使用主语–谓语–宾语的逻辑来确保句子简洁有力。
2. 提升动词，以增强句子的力量。

这两个方法都需要一些解释，但是当你让这些要点付诸实践时，它们会使你的文档更加流畅和有力。

使用主语–谓语–宾语的逻辑

基本句子由主语和谓语组成，通常还有宾语，正如我们在这个简单的例子中看到的：

> The Qualico Bridge | has | a maximum load capacity of 120,000 lbs.
> 奎里科大桥的最大负载是 120,000 磅。

| 主语是讨论的话题中的人、事物或概念。 | 谓语是句子的动作。在此例中，动作是"拥有"(have)。 | 理解"宾语"的最简单的方法是对动词问"什么"。所以，拥有什么？……最大负载。 |

尽可能地使用主语-谓语-宾语的逻辑来写作。这种结构能使读者最高效地处理信息。当我们改变信息的顺序时，读者必须更加努力地处理相同的信息点，这反而增加了出错或被曲解的可能性。

虽然并不是每个句子都能用这种模式解释，但你可以在各种各样的句子中看到它的作用：

- The walls exhibited medium to wide cracking in all components.

    （所有构件的隔音墙都出现了中等至较宽的裂缝。）

- The city could dig the proposed subway tunnel.

    （该市可以挖掘提议中的地铁隧道。）

- The city could dig the proposed subway tunnel, or it could install an ultrafast monorail.

    （该市可以挖掘提议中的地铁隧道，或可以安装超高速单轨铁路。）

- Devco should wait to implement the new robotic logistics system because the best alternative will be unavailable for 18 months.

    （迪威公司应该等待新的机器人物流系统投入使用，因为最佳替代方案将在18个月内不可用。）

这一模式适用于以上四个句子。但在最后两个句子中，这一模式被使用了两次。因为每个句子涉及两个从句，每个从句都有自己的主语、谓语和宾语。

并非所有的句子都有宾语，因为有些动词不接受宾语。这是一个语法上的细微差别，但它不必过多地拖慢我们。考虑这两个句子之间的区别：

The bomb exploded.（炸弹爆炸了。）

The scientists exploded the bomb.（科学家引爆了炸弹。）

这两个例子显示了同一个动词的不同结构。在第一句中，不需要宾语，因为爆炸的东西就是炸弹本身。在第二句中，炸弹仍然是爆炸的东西。但是，炸弹不是自己爆炸的，而是被人为引爆的。所以，"the bomb"（炸弹）回答了对于谓语的"what"（什么）的问题。这里的要点是：主语-谓语-**有时存在**宾语。

打乱主语-谓语-宾语逻辑的因素

为了确保我们能够创造出有力、高效的句子，我们需要了解三个破坏这种逻辑的因素：错位的动词、浪费的开头词、主语和谓语之间过多的修饰语。

句子末尾的动词

科学作家往往将动词放在句子的末尾，而且几乎总是使用被动语态的动词。这一举动使读者处理信息的工作变得更加困难。考虑如下例子：

- The effect of stratification of process liquors was studied.（加工液分层的影响被研究了。）
  - 谁研究的？（缺少主语。）
  - 为了什么？（缺少宾语。）
- Remediation for the groundwater contamination by nitrate and sulphur was required.（对受硝酸盐和硫污染的地下水进行修复是被要求的。）
  - 为什么要求？（缺少宾语。）

句子末尾的动词会减慢读者的阅读速度，因为读者需要通过动词来知道该如何处理主题。影响"被研究了"，但本可以说"被限制"或"被忽视"。直到句末，读者都毫无头绪。想想看，这两个修改后的版本比原文更容易读懂：

- The research reported the effect of stratification of process liquors.（该研究报告了加工液分层的影响。）
  - 我们有一个主语（一个惯例性的已知主语）。原先的主语变成了宾语。
- The groundwater required remediation for nitrate and sulphur contamination.（地下水要求修复硝酸盐和硫污染。）
  - 动词向前移动了。原先的主语变成了宾语。

尽可能早地将动词移动到句子的前面，使句子更容易阅读。

浪费的词语:"it is"与"there is"

句子开头的 it is(它是)和 there is(这里有)几乎都是不必要的浪费,除非"it"明显指代前一句中的某个事物。[4] 它们把有意义的词从主语和谓语的位置上挤掉,迫使它们扮演次要角色,然而 it is 和 there is 本身却没有任何意义。考虑一下这些例子及其修改后的版本:

原版	修改版
There are approximately 20 areas of contact located near the bottom of the blades. 有大约 20 个接触区域位于叶片底部附近。	The blades have approximately 20 areas of contact near the bottom. 叶片底部附近有大约 20 个接触区域。
It is evident that gaps (~0.5mm–1mm) remain between the runner and discharge ring in certain areas. 很明显的是,在某些区域中,转轮和基础环之间仍然存在 ~0.5 mm—1 mm 的间隙。	Gaps (~0.5mm–1mm) remain between the runner and discharge ring in certain areas. 在某些区域中,~0.5 mm—1 mm 的间隙仍存在于转轮和基础环之间。
There appears to be little or no additional burring on the outside edge of the runner blades. 似乎几乎没有额外的毛刺在转轮叶片的外缘。	Little or no additional burring appears on the outside edge of the runner blades. 几乎没有额外的毛刺出现在转轮叶片的外缘。

在每次修改中,这些浪费的词语都被替换为一个真正的主语,以创建主语-谓语-宾语的逻辑。要注意的是,检查一下句子是否符合"从已知到新知"的要求。如果解决一个问题的同时产生了另一个问题,那么就是没有帮助的。要做到这一点,你必须

对这份报告的背景进行一点点想象：

- "叶片"（blades）一定是已知的，因为在原文中，它们被称为"叶片"（the blades），这表明读者对它们很熟悉。
- "间隙"（gaps）可能看起来是新的信息——特别是因为给出了间隙的具体尺寸——但整份报告都是关于大型机械涡轮机中叶片和转轮之间的"接触"的。因此，间隙是已知的。
- "毛刺"（burring）一定是已知的，否则我们无法讨论"额外的毛刺"。

这三个例子中使用的空洞用词都是很常见的。通常，它们来自"it is (was)_____ that"或"there is (was/are/were)"结构。

当你发现一个空洞的"it is"或"there is"结构时，删去它，把注意力集中在真正的主语和谓语上。

主语和谓语之间的填充词

有时，主语和谓语之间出现的一些词会引起混淆并减慢理解速度。这些词就是修饰语，也可能是短语或完整的从句。当它们打断主语–谓语–宾语逻辑时，这些词可能会造成混淆或语法错误。这里有一个例子：

The development of a geo-metallurgical model that defines (minable) ore-types, metallurgical performance, and economic viability will improve the resource definition and subsequent process requirements.

<u>开发</u>的一个定义了(可开采)的矿石类型、冶金性能和经济可行性的地质冶金的模型,<u>将改善</u>资源定义和后续工艺要求。

这里没有语法错误,但是这个句子仍然难以理解,因为在我们知道句子中的"开发"[①](development)意味着什么之前,在主语"开发"(development)和谓语"将改善"(will improve)之间出现了一个完整的地质冶金模型属性的列表。下面是能够解决填充词问题的两种可能修改:

The <u>development</u> of a geo-metallurgical model <u>will define</u> (minable) ore-types, metallurgical performance, and economic viability, to improve the resource definition and subsequent process requirements.

地质冶金模型的<u>开发将定义</u>(可开采的)矿石类型、冶金性能和经济可行性,以改善资源定义和后续工艺要求。

The <u>development</u> of a geo-metallurgical model <u>will improve</u> the resource definition

> 这版修订将修饰性的 that 从句转换为句子的主要从句。因此,动词提前出现,减少了主语和谓语之间的填充词。

> 这版修订将原句的主语和谓语放在一起,并将填充词移到末尾,将其从 that 从句变成了短语。

---

① 中文翻译改变了"development"的词性,一方面保留了大量修饰词在中间的形式,另一方面保证句中仍然没有语法错误。——译者注

> and subsequent process requirements by defining (minable) ore-types, metallurgical performance, and economic viability.
>
> 地质冶金模型的<u>开发将通过定义</u>（可开采的）矿石类型、冶金性能和经济可行性来改善资源定义和后续工艺要求。

这两种修改都会尽量减少填充词，从而增加句子的清晰度。因此，为了增加清晰度：

- 避免在主语和谓语之间使用列表。
- 在主语和谓语之间只使用必要的修饰语。

提升动词

实际上，你很少（也许永远不会）把精力花在报告中单个动词的层面上。这是可以理解的。然而，如果你理解了这个策略，它就可以开始在你的写作中发挥作用。你可以偶尔通过提升动词来完善某个关键句。但是，提升动词是什么意思呢？

动词具有力量。一个增强的动词比一个减弱的动词更有力量。考虑一下这些陈述：

1. Devco recommends changing the Remmler Array.
   （迪威公司建议更换雷穆勒阵列。）

2. It is recommended to change the Remmler Array.

   (更换雷穆勒阵列是被建议的。)

3. Changing the Remmler Array is recommended.

   (雷穆勒阵列的更换是被建议的。)

4. Change the Remmler Array.

   (更换雷穆勒阵列。)

5. Devco could recommend changing the Remmler Array.

   (迪威公司可以建议更换雷穆勒阵列。)

6. Changing the Remmler Array would be recommended.

   (雷穆勒阵列的更换将会被建议。)

在进一步阅读之前，试着把这六个句子按照最强的陈述到最弱的陈述进行排序。所有的陈述都使用了相同的动词词组（"建议"[recommend] 和 "更换"[change]）。但是，以不同的形式使用这些词，会影响它们的力度。

如果你把第 4 句排为最强的陈述，把第 6 句排为最弱的陈述，你应该已经明白这一点了。识别出第 1 句为第二强的陈述，可能是一个最重要的认识。它直接使用了主语–谓语–宾语结构，并使用了动词"建议"（recommends）的简单形式。因此，它拥有动词形式的所有力量。表 7.1 展示了动词形式的各种强度变化。你可能不认识所有动词类型的正式名称，但要注意最后的例子，看看随着表格的下移，词语的强度是如何减弱的。

表 7.1 动词形式的力度比较

动词类型	力度	解释	示例（相关动词下画线表示）
祈使句主动语态陈述	强 ↑	强动词清晰地表达动作	Change the Remmler Array. 更换雷穆勒阵列。 Devco recommends changing the Remmler Array. 迪威公司建议更换雷穆勒阵列。
主动语态条件		虽然仍是主动语态，但条件表达了动作的不确定性	Devco could recommend changing the Remmler Array. 迪威公司可以建议更换雷穆勒阵列。
动名词不定式		虽然这些词不能作为动词，但它们保留了一种动作感	Changing the Remmler Array is recommended. 改变雷穆勒阵列是被建议的。 Devco plans to change the Remmler Array. 迪威公司计划改变雷穆勒阵列。
被动语态陈述；被动语态条件		动作的力量减弱了，因为采取动作的人已经被取代了	Changing the Remmler Array is recommended. 雷穆勒阵列的更换是被建议的。 Changing the Remmler Array would be recommended. 雷穆勒阵列的更换将会被建议。
条件表达式		这些动词在本质上缺少动作	The Remmler Array is a space station in *Star Trek*. 雷穆勒阵列是《星际迷航》中的一个空间站。
名词化的修饰语（分词）	↓ 弱	这些最弱的形式是由动词组成的，但不具备动作的力度	The recommendation was to change the Remmler Array. 建议是更换雷穆勒阵列 A changed Remmler Array is the recommendation. 更换后的雷穆勒阵列是建议的内容。

199 **我们的目标是在写作中使用位于量表顶端的动词,而不是底端的动词。**

考虑如下陈述和其修改版本,看看我们在句子中提升某个动词的等级时会发生什么。

原始版本	修改版	解释
No material transfer between the runner and the discharge ring has been observed in previous load rejections. 在之前的切负荷情况中,没有观察到转轮和基础环之间有物质转移。	Previous load rejections showed no material transfer between the runner and the discharge ring. 之前的切负荷情况显示,转轮和基础环之间没有物质转移。	重点可以保持在话题上,而不是观察者身上,同时仍然加强了主动语态的陈述语气
In some cases, the epoxy was smeared across the surface of the discharge ring. 在某些情况下,环氧树脂被涂抹在了基础环的表面。	In some cases, the runner smeared the epoxy across the surface of the discharge ring. 在某些情况下,转轮将环氧树脂涂抹在了基础环的表面。	添加一个可以进行"涂抹"的主语,可以让句子变得主动
It is evident that the contact has occurred in local high spots on the discharge ring. 很明显,接触发生在基础环上的局部高点。	The contact has occurred in local high spots on the discharge ring. 基础环上的接触发生在局部高点。	删去浪费的单词可以让主要动词变成"has occurred"而不是"is"

只有在一种情况下,提升动词可能会带来问题:它与"从已知到新知"的原则冲突。在下面的两句话中,第二句中减弱的动词允许已知的想法先被提出。

In some cases, the runner smeared the epoxy across the surface of the discharge ring. The ring was made of high-strength steel.

在某些情况下，转轮将环氧树脂涂抹在了基础环的表面。这个环是由高强度钢制成的。

在这个例子中，如果通过提升动词的方式改变第二句话，可能会破坏在句首使用简单的、事先引入的已知词所产生的凝聚力。这表明，提升**每一个**动词是一个并不合理的目标。尽管如此，**提升动词能够加强写作**。

处理冠词（a, an 与 the）的三个技巧

冠词对于英语学习者来说是一件麻烦事。如果你从小就说英语，很可能注意不到这个问题，对你来讲，只需要阅读这个提示框里的最后一句话就好了。对于其他人来说，会需要稍微解释一下。冠词出现在事物或概念（通常是名词）之前。英语中，有两种冠词：**不定冠词**和**定冠词**。不定冠词 a 和 an 表示我们不知道具体是哪件事。定冠词 the 将我们的注意力集中在一个特定的事物上：

不定冠词　I need to buy a design textbook (any design text will do).
　　　　　我需要买一本设计类的教科书（任何设计类的书籍都可以）。

定　冠　词　I need to buy the design textbook (I want a specific design text already known).

我需要购买那本设计教科书（我想要一本特定的设计教科书）。

以英语为第一语言的人几乎不会犯冠词错误。但那些专门研究英语学习的同事告诉我，冠词是语言学习者最后要掌握的领域之一。很多人从未掌握。于是，冠词错误成为一种简单的"种族画像"手段，有时会导致对作者心智能力的假设。这是完全不公平的，因为冠词错误从未阻止过人们的理解。考虑这个例子：

People have the trouble understanding when to use articles.

人们很难理解何时使用冠词。

读者不会因为冠词错误而产生误解。他们只是会感到烦恼。话虽如此，如果能够消除这种烦恼也是很好的。然而，太多规则可能会让人不堪重负。在这里，我提供三个可以帮你处理大多数冠词问题的建议：

1. 如果你不能数它，它就不需要"a"或"an"。我们称一些名词为"不可数名词"——它们就是不能变成复数。例如，我们永远不会说"electrities"——电（electricity）是不可数名词。因此，我们也永远不会说"an electricity"。不可数名词仍然可以与"the"连用，例如：

- The electricity went off last night.（昨晚停电了。）

  在这种情况下，我们定义的是特定的电——大概是我家里的电。

2. 如果名词是单数且常见的，它通常会需要一个冠词，可能是"a"或"the"，但通常需要一个。需要注意的是，单数意味着它是可数的；常见意味着它不是一个名字。
3. 如果这个名词指的是某个特定事物，就在前面加上"the"。例如，考虑如下这些词对：

The United States 美国；military states 军事状态

> 第一个例子是特定的，而第二个例子则可以指许多不同的未定义状态。

The pizza is stale.
比萨不新鲜了。
Pizza is one of my main food groups.
披萨是我的主要食物之一。

> 第一个例子指的是某个特定的披萨——一个不新鲜的披萨。第二个例子则指向披萨的概念。

Experience is important for getting a job.
经验对找工作很重要。
The experience at Dofasco helped her get the job at Stelwire.
在 Dofasco 的经历帮助她找到了 Stelwire 的工作。

> 在第一种情况下，"经验"是一般的（任何经验都是有用的），而第二种情况是指具体的经验。她可能也有在 Dairy Queen 的工作经验，但这对 Stelwire 的工作没有帮助。

如果你对冠词的使用感到纠结，可以稍微安慰自己的是，它们并不真正影响意思——但也要负责任地进行一些控制。一个有用的策略涉及"搭配"：通过周围的词来理解特定语境中的词。如果你对某个短语不确定，试着在学术搜索引擎中搜索这个短语，看看这些词在专业语境中是如何使用的。尝试学习你所在的工程领域中的关键用法，以最小化读者的烦恼。在更一般的层面上，要经常阅读，因为你的写作受到阅读的影响。

对于那些我告诉它们跳到最后一句话的英语使用者：对那些犯冠词错误的人要宽容，因为这些错误并不影响你的理解能力，而且除非你天生就会，否则冠词是很难掌握的。

在写作中使用数学符号

关于工程学写作风格的最后一个注意事项是数学符号所扮演的重要角色。根据学科的不同，学生或工程师可能需要在写作中使用方程。可以通过两个简单的策略来理解数学方程的使用：

1. 如果你在介绍完方程之后会引用它，你**必须**给方程编号。为了简洁性和一致性，你**可以**为所有方程编号。

2. 你应该让方程作为其所在句子的一部分来"阅读"，包括标点符号。偶尔，方程可能会构成整个句子（尽管以数学符号为开头的句子通常被认为是不太好的）。

要说明这一点，最简单的方法就是举例。以下是一篇电子工程论文的一小段摘录。[2] 不要关注讨论内容的实质（除非你很好奇），而要注意其结构。

> 在20世纪60年代，扎布斯基（Zabusky）和克鲁斯卡尔（Kruskal）证明了连续真空极限下费米–帕斯塔–乌拉姆晶格（Fermi-Pasta-Ulam lattice）的运动方程是一个非凡的偏微分方程（Partial Differential Equation, PDE），被称为科特韦格–德弗里斯（Korteweg-de Vries, KdV）方程，在水波的研究中为人所知。实值脉冲 $q(t,z)$ 随时间 t 和距离 z 变化的 KdV 方程为
>
> $$q_z = qq_t + q_{ttt}. \qquad (4)$$
>
> 扎布斯基和克鲁斯卡尔发现（4）具有脉冲状（局部化）解，其形状在传播过程中保持不变（或周期性变化）。

这里的方程表示起来相对简单。当然，方程会变得复杂得多。无论如何，这个例子展示了在写作中使用方程的六个特点：

1. 数学符号（如 t、z）无论是在方程中还是在正文中都以斜体排版。
2. 方程需要单独一行，与文本分开。
3. 方程构成了句子的一部分，其中"="被读作"等于"（is

equal to)。

4. 句子在方程的末尾由句号（"."）完成。

5. 编号出现在右边界，这样读者在阅读时可以轻松地快速回查方程。

6. 编号的方程在随后的文本中通过其编号"（4）"被引用。请注意，引用参考文献使用方括号，而引用方程则使用圆括号。

发展你的写作风格

在强有力的段落中写出强有力的句子，才能写出强有力的文章。本章讨论的策略将帮你从句子层面开始让文章更加有力。回顾一下，以下是本章的七大要点：

- 确保段落包括引子、聚焦和排列（列表也一样）。
- 使用过渡来引导读者。
- 运用主语-谓语-宾语的逻辑。
- 尽可能早地在句子中使用动词。
- 删去"it is"或"there is"之类的空洞短语，把重点放在真正的主语和动词上。
- 尽量减少主语和谓语动词之间的间隔。
- 尽可能使用更有力的动词形式。

第八章

管理文献资源

MANAGING SOURCES

206 　　工程学被形容为"站在巨人的肩膀上"。其中一些巨人是众所周知的,如牛顿(Newton)或爱因斯坦(Einstein),但同样重要的是不太知名的人,如约翰·巴丁(John Bardeen)、沃尔特·布拉顿(Walter Brattain)和威廉·肖克利(William Shockley)(他们在1947年共同发明了晶体管)或克劳德·香农(Claude Shannon,数字电路和通信理论之父)。在这样一个满是先驱的领域中,我们如何对待过往研究的成果是在工程领域进行交流的一个重要部分。通常,学生(和大多数以实践为主的工程师)需要参考四种主要类型的参考资料:

1. 以往的设计:可能包括专利或其他参考设计,但核心是要承认你的想法并非原创。
2. 现有研究:来源可能包括研究文章或标准参考资料。与参考设计一样,重点是展示你所做的工作是基于已知的知识。
3. 手册和规范:学生使用这些资料的频率比专业人士少(可能比他们应该要参考这些资料的频率还要少),但这些资料为设计者提供了保证设计、计算或建议的质量所需要的信息。

207
4. 组件和零件:学生通常通过制造商的目录或网站收集这

类资料。

无论使用哪一种资料，目的都是表明你是**非**原创的。工程师和工程专业的学生更可能因为创造一个完全原创的作品而陷入麻烦，而不是因为一个清晰参考了过去经验的作品。很少有人想要一个完全"新颖"的桥梁设计，一个"前所未有"的计算机程序，或者，更糟糕的情况，一个"未经测试"的化学操作程序。相反，我们希望确保桥梁能够承载载荷，程序能够编译，操作程序遵循安全标准。

参考资料向他人表明，我们是基于标准做法或合法的理由来进行工作的。就论证而言，我们称之为诉诸权威的逻辑———种使论证合法化的重要方式。学生倾向于认为引用是避免抄袭的一种方式，确实如此，但主要目的是通过引用来表明你的想法背后是有权威支持的。

正确使用参考资源包含两部分的工作：

1. **引注**（citation），即在文本中提供一个指示。
2. **参考文献**（reference），即在文档末尾提供参考文献信息。

第一部分帮助读者立即知道你正在寻求权威的支持。第二部分帮助读者自己找到这些权威资源。

本章解释了工程师如何进行引用，随后提供了工程领域中常用的两大参考文献体系的使用指导：IEEE 和写作者-日期（author-date）系统。

工程师如何进行引用

在工程领域中较好地利用参考文献的障碍之一源于我们大多数人是在英语或新生写作课程等课程中学习如何使用研究成果的。然而，工程学科与人文学科使用信息的方式并不相同，这种差异有着重要的意义。

在人文学科中，使用研究成果可能被简化为"观点-证明-解释"的过程：首先你提出一个主张，然后你以引用某个来源的形式来提供证据，最后你解释引用的段落如何证明你的观点。这个过程本质上是"扩展性的"，即你的目标是扩展研究来源。

相比之下，在工程领域中，这个过程是"压缩性的"——你的目标是总结、浓缩或以其他方式压缩通常体量比较大的想法或研究。来看看克劳德·香农关于噪声下的通信的经典论文[1]中的一句话及其来源：

> 根据尼奎斯特（Nyquist）[1]和哈特利（Hartley）[2]的研究，使用信息的对数量度是一个比较便捷的选择。如果一个装置有 n 个可能的位置，那么基于定义，则可以存储 $\log_b n$ 个单元的信息。
>
> [1] H. Nyquist, "Certain factors affecting telegraph speed," *Bell Syst. Tech. Jour.*, vol. 3, p. 324; April, 1924.
>
> [2] R. V. L. Hartley, "The transmission of information," *Bell Sys. Tech. Jour.*, vol. 3, pp. 535–564; July, 1928.

与试图解释先前研究者的工作不同,香农只是简单地关注从他们那里获取的关键思想,并将其精练为几个词:"信息的对数量度"(a logarithmic measure of information)。哈特利的论文长达 30 页,但被简化为五个英文单词。无论是在香农这样的理论写作中,还是在实际工作中进行项目备忘,这种聚焦性的精练在工程领域已经成为一种规范。

像工程师一样在写作中精练和聚焦资源

在写作中精练资源涉及综合的能力:总结和选择。这两种能力在发展必需的精练能力中发挥着重要作用,以使想法变得清晰和简洁。精练总是需要:(1)面向写作目的;(2)面向读者。在考虑如何总结时,我们需要同时牢记这两个方面:在当前情况下,对这些人来说什么是重要的?在上述香农的例子中,我们可以简单地说,那些在噪声信道领域工作的读者,关心的是如何测量信息。

如何进行总结概述

总结概述涉及一个特定过程,即把你读过的内容转换成一个更短的版本。这个过程通常可以分为四个步骤:

1. 找出主要**主张**,并用自己的话写出来。通常,如果你阅读了一篇文章的摘要、引言和结论,你会发现写这部分是最容易的。主要主张通常在这些部分得到最充分的阐述。如果有人问你:"这篇文章是关于什么的?"这个陈述就是你的答案。

2. 解释支持这一主张的主要**论证**。你可以省略那些对支持主张不重要的方面,比如具体的细节或例子。

3. 包含**必要**的背景信息。有时一些背景信息,比如研究的情况,可能有助于理解主张或结论。

4. 避免对原文的个人意见或解释。对于在学校环境中进行总结作业的学生,这一点是完全适用的,但在专业写作中,根据目的和读者的不同,可能会有所"变通"。

使用上述四步来构建一个总结概述。你可以试着写下来并传给朋友,看看他或她是否理解了文章原始的观点。如果你的朋友不理解,就澄清主要主张,并增加额外的支持,直到这个观点变得清晰。

以下是 2010 年 4 月,也就是美国宇航局(NASA)宣布 2011 财年预算申请两个月后,由两位麻省理工学院的教授撰写的一份白皮书总结样例。如果我想总结整篇文章,我可能会这样说:

克劳利(Crawley)和明德尔(Mindell)[2] 对 2011 年的预算请求进行了回应,建议美国宇航局避免承诺特定的日期和目的地,而应开发一个具有五个属性的灵活框架:

1.一个明确的两阶段空间探索方法:先绕轨道飞行,再进行表面探索。

2.一个关于可能的目的地和时间框架的排序列表。

3. 一组可能的飞行器架构。

4. 对关键技术需求的解释。

5. 一个为期五年的关键决策路线图。

这个总结概述还不错。它抓住了精髓，但遗漏了很多细节。对于有特定兴趣的读者来说，它无疑错过了一些内容。

从总结概述到精练压缩

根据读者需求，总结概述往往会需要进一步压缩。对于一个与美国宇航局合作的承包商来说，上面的总结可能仍然过于冗长且不够实用。

以下是结合特定目的对上述信息中的关键部分进行精练的一些可能的方法：

> 美国宇航局预计将解释其新的两阶段空间探索方法的关键技术，包括未来五年内的关键决策。[2]

或

> 鉴于总统承诺将保持美国在太空探索领域的领导地位，我们应该将注意力集中在多种可能的飞行器架构上。[2]

这两个形式都不是完整的总结。然而，两者都概括了可能与美国宇航局承包商相关的特定要点。注意，第二个总结中插入了意见（"我们应该"），学生作者可能不应该这么做。无论如何，不管是要从专利、研究论文、规范还是可行性研究等公司内部文件中选取内容，这种精练和聚焦都是工程领域中使用资料的典型方式。

即使资料已经被大幅度压缩，作者仍然希望表明有权威支持其观点，这就是引用的作用。

创建引注和参考文献

在工程领域中占主导地位的两种引用系统是编号系统和写作者-日期系统。[1]这两种系统允许在文档文本（引注）中有效地表示资料来源，并便于在参考文献列表中导航。第一种系统便于高效重复使用相同的资料；第二种系统强调发表时间，从而支持信息的时效性。

任何参考文献系统的关键都是"可追溯性"，也就是说，读者应该能够根据引用找到原始的资料来源。以下五个数据可以帮助读者找到资料来源：

1. 写作者：根据资料来源的类型，写作者可能是个人、组织或公司。

2. 标题：这一点相当明显，不过注意它既包括文章的标题，也包含文章所在的期刊名称。

3. 出版信息：
   - 对于书籍，指出版商。

- 对于期刊，指赞助该期刊的组织。
- 对于电子资源，指提供该资源的组织。

4. 位置信息：
   - 对于书籍，给出城市。
   - 对于电子资源，给出 URL。
5. 日期：在工程和科学领域，时效性极其重要。

不同类型的资料来源和不同的文献格式可能会强调这些数据中的某些信息，但这五项是主导性的信息。注意"页码"并未出现，这一省略直接涉及精练压缩的问题。工程学写作通常不关注特定页面上的特定引用，而是关注经过总结和精练的思想要点。因此，页码在工程学写作中并不像在人文写作中那么重要。然而，如果写作者确实直接引用了资料来源中的原文，通常也要体现页码信息。

你的教授、期刊或会议通常指定使用特定的参考文献引用系统。考虑到这些系统数量巨大，我们不可能一一涵盖。我们将重点介绍其中最常见的两个，即 IEEE 系统和 APA 系统。

IEEE，一种编号式的文献引用系统

在工程中占主导地位的参考系统是来自美国电气电子工程师协会的 IEEE（Institute of Electrical and Electronics Engineers）系统。IEEE 是世界上最大的工程组织，其口号是"为了人类推进技术"。其文献引用系统简单且在文档中不显眼。它有两个主要特点：

1. 引注时使用一个数字编号：

   - 某个文献来源第一次出现在文档中时，会标注一个数字。
   - 根据文献来源出现的顺序标注数字，即，第一个出现的来源是 [1]，第二个来源是 [2]，以此类推……
   - 一旦某个来源已经被分配了一个编号，引用它时总是使用同一个编号。
   - 注意：如果你没有使用某种文献资源管理软件（例如，你的文字处理软件中的参考文献生成工具），那么若你在修订阶段添加了参考文献，你可能不得不回去重新给所有的资料来源编号。

2. 参考文献列表以**数字**排序，而不是字母。

引 注

要理解引注，最简单的方法是看一个例子。以下是最近发表在 IEEE 情感计算汇刊（*IEEE Transactions on Affective Computing*）上的一篇文章的文本示例 [3]。

这个例子展示了在文本中使用数字编号进行引注的两种常见用法。第一种用法中，数字起名词的作用，甚至还可以更明显："如 [4] 所示"（as showed in[4]）或 "像 [4] 中所说"（as [4] says）。如果一位作者的名字很重要，请不要用数字代替。比如，当提到爱因斯坦时，没有人会说 "[5] 的相对论"。

请注意，无论何时作者引用 [3]，都要用 [3] 来指代。如果这个资料再次出现，它不会获得一个新的编号。记住，引用的目标是可追溯的，这意味着读者应该能够追溯到作者对同一份资料的任何一处引用。

> Like a human audience, an audience of virtual humans has the ability to elicit responses in humans, e.g., [1], [2]. This ability makes a virtual audience beneficial when it comes to training, psychotherapy, or psychological stress testing. For example, it can help musicians to practice performing in front of an audience [3].
>
> 像真人观众一样，虚拟人类观众也有能力引发人类的反应，例如，[1]、[2]。这种能力使得虚拟观众在训练、心理治疗或心理压力测试方面都有积极作用。举例来说，虚拟观众可以帮助音乐家练习在观众面前表演[3]。

前两个数字作为名词使用，就像作者写的那样（例如，"这个"和"那个"）。

[3] 在句子中没有任何作用，它只是指向一个参考来源。

参考文献列表

参考文献列表是一个简单的数字列表，按照它们在文档中出现的顺序排列。IEEE 允许在参考文献列表中包含即使没有直接引用的内容。这些内容会被添加到列表的末尾。

下面的列表显示了我们前面看到的那篇文章的前三条文献信息①：

[1] C. Zanbaka, A. Ulinski, P. Goolkasian, and L.F. Hodges, "Social Responses to Virtual Humans: Implications for Future Interface Design," *Proc. SIGCHI Conf. Human Factors in Computing Systems*, pp. 1561–1570, 2007.

> 文献按照出现顺序排序，因此 Z 也能排在第一位。

> 通常，三位及以上的作者会按 "C. Zanbaka et al." 的格式进行标注，不过各期刊要求不同（甚至可能和其本身的要求相悖）。

[2] M. Slater, D.-P. Pertaub, C. Barker, and D.M. Clark, "An Experimental Study on Fear of Public Speaking Using a Virtual Environment," *Cyberpsychology & Behavior: The Impact of the Internet, Multimedia and Virtual Reality on Behavior and Soc.*, vol. 9, no. 5, pp. 627–633, Oct. 2006.

> 期刊名称常常包含缩写。

> 期刊文章通常包含卷（volume）、期（issue）、页码。

[3] J. Bissonnette, F. Dube, and M.D. Provencher, "The Effect of Virtual Training on Music Performance Anxiety," *Proc. Int'l Symp. Performance Science,* pp. 585–590, 2011.

> 在 IEEE 系统中，出版时间是最后出现的（写在这里比较容易找到）。

最基础的引用类型的模板和每种类型的样例如表 8.1 所示。

---

① 为了保持 IEEE 的文献列表格式，文献信息未进行翻译。——译者注

如果需要，在线搜索"IEEE 参考文献系统"可以提供更多类型。另外，本书中的参考文献遵循 IEEE 系统[①]。

表 8.1 IEEE 参考文献系统的基本结构

类型	模版	样例
专著	[1] 首字母大写的作者，书名（英文用斜体），版次. 出版城市，国家（如果不在美国）：出版商名称，年份.	[1] E. Brynjolfsson and A. McAfee, *The Second Machine Age*, New York: Norton, 2014.
专著中的章节	[2] 首字母大写的作者，"章节名", in 书名（英文用斜体），编者, Ed. 出版城市，国家（如果不在美国）：出版商名称，年份，ch. 章节号, pp. xxx-xxx（页码）.	[2] E. Brynjolfsson and P. Milgrom, "Complementarity in organizations," in *The Handbook for Organization Economics*, R. Gibbons and J. Roberts, Eds. Princeton: Princeton UP, 2013, ch. 1, pp. 11–55.
期刊文章	[3] 首字母大写的作者，"文章名", 期刊名的缩写（英文用斜体），vol. x（卷号），no. x（期号），pp. xxx-xxx（页码），月份的简写，出版年.	[3] N. Kang et al., "An expressive virtual audience with flexible behavioral styles," *IEEE Trans. on Affective Computing*, vol. 4, no. 4, pp. 326–340, Oct–Dec., 2013.
手册	[4] 手册名（英文用斜体），编者 ed., 公司或组织的简写，州的缩写，出版年, pp. xx-xx（页码）.	[4] *Ontario Structure Inspection Manual*. MTO., St. Catharines, ON, Canada, 2000, pp. 1–380.

---

① 表格为原书出版时的文献标注格式，如需最新版，请检索 IEEE 最新要求。——译者注

续 表

类型	模版	样例
网页	[5] 首字母大写的作者.(年,月日).标题(版次)[媒介类型]. Available: http://www.（URL）. 获取日期.	[5] K. Levy. (2014, May 16). Apple and Google agree to drop all lawsuits against each other. Available: http://www.businessinsider.com/apple-and-samsung-agree-to-drop-all-lawsuits-against-each-other-2014-5. Accessed: May 17, 2014.
组件	[6] 产品.制造商名.目录标题.[媒介类型]. Available: http://www.（URL）.获取日期.[2]	[6] 216-0752001 ATI BGA computer chip. Available: www.Alibaba.com. October 2, 2014.

IEEE（或任何编号系统）的效率在于它允许大量参考文献出现在文本中，而不会分散读者的注意力。考虑以下这两个陈述，第一个使用 IEEE 格式，第二个使用 APA 格式（我们接下来会讲到）：

- 运动或离心可以加速某些病毒感染的诊断[13—16]。
- 运动或离心可以加速某些病毒感染的诊断（Walters and Kauffman, 2003; Parker, 2008; Xin *et al*., 2009; Bryn and Kauffman, 2007）。

可以注意到，使用 IEEE 格式要短得多，并且不会让一长串名字分散读者的注意力。因此，它优先考虑了阅读效率，同时仍然实现了可追溯性。

APA，一种写作者-日期式文献引用系统

与 IEEE 一样，美国心理学会（APA）系统旨在创造一种有效的方法，以在引注和参考文献列表中传达信息。APA 参考文献系统突出了写作者和日期，因此它提供了与 IEEE 类似的可追溯性，但更强调信息的时效性。与 IEEE 一样，APA 系统也涉及两个方面：

1. 在**引注**中注明写作者姓名和出版时间。
2. **参考文献**列表按字母顺序排列。

引 注

在引注时，作者名和出版时间总是需要被标注出来，但可能是以不同的形式出现的。最常见的情况下，这些信息会一并直接出现在文本中：

> 阿基米德有时被认为是最早的工程师之一（Blockley, 2012）。

有时，写作者的名字会出现在句子之中。在这种情况下，作者名不需要被囊括在括号内：

> Blockley（2012）认为阿基米德是最早的工程师之一。

APA 系统还允许引用特定的页面或部分：

Blockley 提到阿基米德，以维护他作为工程师的地位（2012, 29）。

请注意，我们可能会因为布洛克利（Blockley）的文献[4]较新，近而更加认真地对待其主张，因为它不是我们可能看到的更久远的文章（Blockley, 1893）。

这一体系的基本假设是，知识和理解会随着时间的推移而进步。事实上，如果你正在使用 APA 格式写一篇论文，你可能想要确保你的全部或至少大部分参考资料是过去十年内的，除非这份资料是一篇开创性的论文（如在本章前面使用的香农的例子[1]）。

参考文献列表

APA 风格的参考文献列表是一个简单的按作者姓名字母顺序排列的列表。表 8.2 解释了最常见的来源类型，并展示了如何参照模板和样例编排每种类型的文献格式。同样，在网上搜索"APA 参考文献"将提供无数的资源，帮助你解决特定情况和特殊情况①。

---

① 表格为原书出版时的文献标注格式，如需最新版，请检索 APA 最新要求。——译者注

表 8.2　APA 参考文献系统的基本结构

类型	模版	样例
专著	作者姓,名的前缀.(年份).书名（英文用斜体），版次.出版城市,国家（如果不在美国）:出版商名称.	Blockley, D. (2012). *Engineering: A Very Short Introduction.* New York, NY: Oxford.
期刊文章	作者姓,名的前缀.(年份)."文章名."期刊名（英文用斜体），卷(期),页码.	Kang, N. et al. (2013). "An expressive virtual audience with flexible behavioral styles." *IEEE Transactions on Affective Computing,* 4(4), 326–340.
网页	作者或组织名.(年份).标题. Retrieved from URL. 获取日期.	Levy, K. (2014, May 16). Apple and Google Agree to Drop All Lawsuits Against Each Other. Available: http://www.businessinsider .com/apple-and-samsung-agree-to-drop-all-lawsuits-against-each-other-2014-5. Accessed: May 17, 2014.
公司作者的专著	组织名.(年份).作品名称（英文用斜体）.出版城市:出版商名称.	Ministry of Transportation of Ontario. (2000). *Ontario Structure Inspection Manual.* St. Catharines, ON, Canada: Queen's Printer for Ontario.

关于引用图和表格的说明

如果你使用了资源中的图或表格，你需要进行引用。在大多数情况下，你可以简单地遵循与使用资料中的文本时相同的策略。只

> 要你不改变图表或表格的含义，对其稍作调整也是合理的用法。你在引用时可以简单地用如下标题来反映这一事实：
>
> IEEE 格式　图 1. 美国正在扩大的贫富差距 [45，第 134 页]
> APA 格式　图 2. 摩尔定律的多个维度（Brynjolfsson and McAfee, 2014, 48）
>
> 引用图表或表格时需要标注页码，以让读者在原始资料中找到相应的图表。

APA 系统是为社会科学设计的，但它在工程领域也频繁使用，特别是在与心理学有交叉的领域，如工业和系统工程。写作者-日期系统也源于生物和化学领域，因此与这些领域交叉的工程分支也使用写作者-日期系统。该系统的关键优势在于，通过引用可以让读者立即评估参考资料的时效性。

确保信息的可追溯性

显然，本章并没能涵盖所有的参考文献引用系统。存在如此多其他的系统，以至于仅仅列出这些系统的名称就需要好几页。每种系统都有独特的要求，甚至使用时可能并不遵循一致的规则（正如我们在 IEEE 的样例中看到的那样）。如果你学会了如何使用参考文献管理软件（无论是微软 Word 和 Pages 内置的软件，还是独立的参考文献管理工具），你就可以满足教授或出版商的要求。

任何参考文献系统都让信息可追溯成为可能。在这种方式下，引用文献通过对权威的诉诸来证明你的逻辑，从而支持你的主张。尽管 IEEE 系统更强调高效的阅读体验，APA 系统更强调资料的时效性，但两者都确保读者能够清楚地区分作者原创的想法和作者在工作中所依据的非原创想法。

致谢

完成一本书的写作需要整个社群的共同努力。我的写作社群包括：多伦多大学的许多学生，我在他们身上尝试了很多与本书主题相关的想法；在工业界我教授过、共事过的工程师们；许多慷慨分享见解的同事们；多伦多大学；我的家人；本系列的写作书籍和牛津出版社的编辑团队；参与本书审校的评阅人：俄亥俄北方大学（Ohio Northern University）的布赖恩·布朗热（Brian Boulanger）、密歇根州立大学（Michigan State University）的代娜·布里迪斯（Daina Briedis）、圣路易斯华盛顿大学（Washington University in St. Louis）的琳妮亚·布伦博（Lynnea Brumbaugh）、惠顿学院（Wheaton College）的杰弗里·戴维斯（Jeffry Davis）、俄亥俄州立大学（Ohio State University）的玛丽·福雷（Mary Faure）、北达科他大学（University of North Dakota）的达巴·格达法（Daba Gedafa）、凯特林大学（Kettering University）的马克·盖利斯（Mark Gellis）、加州理工（Cal Tech）的苏珊·哈勒（Susanne Hall）、库利学院（Curry College）的罗纳德·克拉维兹（Ronald Krawitz）、得克萨斯A&M大学-科帕斯克里斯蒂分校（Texas A & M University-Corpus Christi）的鲁比·梅赫鲁别尔（Ruby Mehrubeoglu）、哥伦比亚学院（Columbia College）的休·门德尔松（Sue Mendelsohn）、昆尼皮亚克大学（Quinnipiac University）的约翰·里普（John Reap）。

我还要特别感谢我在多伦多大学的同事们：艾伦·宗（Alan Chong）、贾森·福斯特（Jason Foster）、弗朗克·施希沙恩（Frank Kschischang）、彭妮·金尼尔（Penny Kinnear）；耐心无比的本系列丛书的编辑：东北大学的米娅·波、托马斯·迪恩斯和牛津出版社的加龙·斯科特（Garon Scott）；为本书提供美编的雅各布·艾里什（Jacob Irish）；为本书编写索引的基根·艾里什（Kiegan Irish）；以及莉萨·艾里什（Lisa Irish）为本书编写提供的一切。因为得到了这么多的支持，我更应当对本书中任何可能的疏漏承担一切责任。

附录

制定写作和修改的流程

本书侧重于工程研究和工作中的关键交付文档。这本书有意减少了对写作过程的关注。许多写作课程确实关注写作过程——至少包括大纲撰写、初稿写作和文章修改的过程。其中每个过程都是必不可少的,写作老师也试图将这些过程灌输给学生,使他们成为成功的沟通者。然而,琼·赖默(Jone Rymer)在大约三十年前的研究表明[1],作家的写作实践大相径庭,有的人只是"不断产出并修改",有的人则有条不紊地写出一份"完美的初稿"。虽然没有一个写作指导老师会真的相信有完美的初稿——我还没见过这样的初稿——但这一发现确实指出了截然不同的过程。

虽然写作过程被淡化，但这本书确实暗含了一个循序渐进的过程。从读者和目的开始（第一章），这两个因素控制了后续的一切。然后，为你试图表达的内容发展论证的逻辑（第二章）。使用已知的结构，无论是设计报告（第四章）还是其他文体的文档（第五章和第六章），以满足读者的期望。工程师还通常会使用视觉元素来帮助构建报告（第三章）。

这些视觉和文体元素塑造了文档，作者则使用段落、句子和单词来表达内容，并控制读者对文本内容的反应（第七章）。在修改的过程中，这些相同的风格概念成为确保文档可读性的工具。这样的修改通常最好分多次进行。我主要进行这三个工作：

1. 寻找清晰的主张和聚焦的段落。
2. 确保通过标题和项目列表的视觉结构实现简单的导航。
3. 使用"从已知到新知"的方法创建可读性强的句子，并加强句子的表达。

这不仅仅是"校对"（proofreading）——我的学生们把初稿之后进行的所有工作都概括为这个术语——因为它通常涉及一个完整的迭代过程，即重新询问这个问题："我到底想说什么？"

最后，要仔细校对。使用第七章中各种语法和用法错误的"热门清单"来帮助你编写一份一致、没有错误的文档。在进行校对的同时，要检查你的参考文献，确保它们在整个文档中准确无误并被正确引用（第八章）。

无论你如何推进，无论你是创建一个有力的大纲还是直接开始写作，在你完成一份文档之前，再问自己三个终极问题：

- 这份文档需要做什么，它做到了吗？
- 主张是否清晰并得到了充分的支持？
- 文档是否使信息易于跟踪和查找？

注释

第一章

1. 一些读者是团队的一部分，其他人则是团队的领导者。来自团队外部或官方决策结构之外的阅读者也可以成为**影响者**，即使团队中没有人真正阅读文档，他们也可能让我们的想法得到倾听和使用。

2. 作为一名长期的写作辅导教师，我知道我们可以为学生提供很好的代理读者，并提出一些问题。这些问题不仅有助于以更细微的差别构建听众，而且经常有助于阐明目的，并更充分地满足作业要求。

第二章

1. 巨蟒剧团（Monty Python）是一个英国喜剧剧团，其中一些人仍然活跃在电视和电影中。如果你还没有看过巨蟒剧团的《论证诊所》(*Argument Clinic*)，你可以（应该）在视频网站上搜索一下。

2. 这个模型来源于斯蒂芬·图尔敏（Stephen Toulmin）在《论证的使用》(*The Uses of Argument*)中首次提出的日常论证模型。[6] 这里的修改旨在阐明推理（他称之为保证 [warrant]）和证据与工程背景下主张结构的关系。

3. "议题"（issue）这个词经常被用作"问题"（problem）的委婉说法，因为公司不喜欢（对自己或客户）承认他们有"问题"，即使他们其实也有解决方案。

第三章

1. 如果你想更深入和详细地了解视觉设计，你可以参考一系列的资源，从实用的 [3]，[4]，到理论上细致入微的 [1]，再到针对特定类型如网页的设计。当然，工程师在进行工程论证时也会使用原型设计，但这已经超出了一本写作书籍的范围。

2. 如果你好奇的话，在撰写本文时，这一荣誉由奥克兰运动队的达拉斯·布雷登（Dallas Braden）在2010年5月9日获得。

注 释

第四章

1. 在一些敏捷设计模型（特别是在软件开发中），需求是灵活且不断变化的。然而，在设计炼油厂或住宅小区时，情况就不太可能是这样了。

第五章

1. 缪勒-莱尔错觉（The Müller-Lyer illusion）是一种视觉错觉，即相同长度的线条如果被指向不同方向的箭头进行指示，就会被判断为具有不同的长度。在工程应用中，这种错觉被用于人字形道路标记，来鼓励司机保持更远的距离。

第七章

1. 如果你在谷歌上搜索"十大语法错误"，你会发现很多这样的错误——尽管它们不是语法错误，而是用法或词汇错误（讽刺的是，称它们为"语法"错误是一种用法错误，这种说法误用了"语法"这个词）。

2. 这是哈利·波特中的消失咒，在《哈利·波特与凤凰社》（*Harry Potter and the Order of the Phoenix*）中使用过。我把它留给热心的读者去寻找。

3. 有很多关于风格的经典著作提供了远超本书的内容，包括约瑟夫·威廉姆斯（Joseph Williams）[3]和玛莎·科林（Martha

Kolln）[4] 等的著作。

4. 举个恰当的例子，回头看看修改后的 63 号高速公路研究，其中第二句话以"It is"开头，但这里的它指的是这项研究。

第八章

1. 参考文献引用系统的第三个类型是写作者-页码系统（如美国现代语言协会的 MLA 格式）。它适用于人文学科。

2. IEEE 对组件这个类型并没有特定的分类，所以引用组件时遵循网站的基本格式即可。

参考文献

第一章

[1] K. Schriver, *Dynamics in Document Design*. New York: Wiley, 1997.

第二章

[1] World Health Organization, "Constitution of the World Health Organization," 15 September 2005. [Online]. Available: http://apps.who.int/gb/bd/PDF/bd47/EN/constitution-en.pdf.

[2] Committee on the Consequences of Uninsurance, Board on Health Care Services, "Hidden Costs, Values Lost: Uninsurance in America," Washington, D.C.: Institute of Medicine of the National Academies, The National Academies Press, 2003.

[3] M. Britt and A. Larson, "Constructing representations of arguments," *Journal of Memory and Language*, vol. 48, p. 7940810, 2003.

[4] M. Nisbet and C. Mooney, "Framing Science," *Science*, vol. 316, no. 6 April, p. 56, 2007.

[5] World Commission on the Environment and Development, "Report of the World Commission on Environment and Development: Our Common Future," United Nations Documents, 1987.

[6] S. Toulmin, *Uses of Argument*, Cambridge: UP, 1958.

第三章

[1] E. R. Tufte, *The Visual Display of Quantitative Information*, 2nd ed. Cheshire, CT: Graphics Press, 2001.

[2] Engineering Graphics and Design, "Marine Propellor Design," [Online].

[3] S. C. Few, *Show Me the Numbers*, 2nd ed. Burlingame, CA: Analytics Press, 2012.

[4] F. C. Frankel and A. H. DePace, *Visual Strategies: A practical guide to graphics for scientists and engineers*. New Haven, CT: Yale UP, 2012.

[5] Center for the Study of Education Policy, Illinois State University, "Higher Education Support Per Capita FY2013," 2013. [Online]. Available: http://budgetfacts.rutgers.edu/pdf/higher_ed_percapita_2013.pdf. [Accessed 24 May 2014].

[6] C. Syverson, "Will History Repeat Itself? Comments on 'Is the Information Technology Revolution Over?'," *International Productivity Monitor*, vol. 25, pp. 37–40, Spring 2013.

[7] U.S. Census, "Table 1102. Motor Vehicle Accidents—Number and Deaths: 1980 to 2008," 2011.

[8] International Code Council, Accessible and Usable Buildings and Facilities ICC A117.1-2009, Washington, D.C., 2010.

[9] "Sensitive Intruder Alarm Circuit," CT Circuits Today, [Online]. Available: http://www.circuitstoday.com/super-sensitive-intruder-alarm. [Accessed May 2015].

第四章

[1] D. Pink, Drive: The Surprising Truth About What Motivates Us. Riverhead, 2011.

第五章

[1] M. Howard, J. Wallman, V. Veitch, and J. Emerson, "Contextuality supplies the 'magic' for quantum computation," *Nature*, vol. 510, no. 7505, 11 June 2014.

[2] M. Alley, "Speaking Guidelines for Engineering and Science Students: Scientific Posters," Leonhard Center, Penn State University, 2013. [Online].

[3] C. Purrington, "Designing Conference Posters," [Online]. Available: http://colinpurrington.com/tips/academic/posterdesign.

第六章

[1] U.S. Patent and Trademark Office, "Conducting a Patent Search," [Online].

[2] A. F. Kelley, "Dustpan Patent," 9 September 1919. [Online].

[3] OXO, "Upright Sweep Set," 2012. [Online].

[4] OXO, "OXO, Crooks and Robbers?," 23 January 2013. [Online].

第七章

[1] "XKCD," [Online]. Available: http://xkcd.com/326/.

[2] M. Yousefi and F. Kschischang, "Information Transmission using the Nonlinear Fourier Transform, Part I: Mathematical Tools," *IEEE Transactions on Information Theory*, pp. 1–18, 2014.

[3] J. M. Williams and G. G. Coulomb, *Style: Lessons in Clarity and Grace*, Longman, 2010.

[4] M. Kolln, *Rhetorical Grammar*, 4th ed., Longman, 2002.

第八章

[1] C. Shannon, "Communication in the Presence of Noise," in *Proceedings of the IRE*, 1949.

[2] E. Crawley and D. Mindell, "U.S. Human Spaceflight: The FY11 Budget and the Flexible Path," 2010.

[3] N. Kang, W.-P. Brinkman, M. B. van Riemsdijk and M. A. Neerincx, "An Expressive

Virtual Audience with Flexible Behavioral Styles," *IEEE Transactions on Affective Computing*, vol. 4, no. 4, pp. 326–340, 2013.

[4] D. Blockley, *Engineering: A Very Short Introduction*, New York: Oxford, 2012.

附录

[1] J. Rymer, "Scientific Composing Processes: How Eminent Scientists write Journal Articles," in _Advances in Writing Research Volume 2: Writing in Academic Disciplines. Ed. D.A. Joliffe. Norwood, NJ: Ablex, 1988.

索引

索引条目中的页码为原书页码，已在本书页边标出。

A

A, an 一个（辅音音标前），一个（元音音标前） 200–202
abstracts 摘要 119–123
 vs. executive summaries 摘要与执行摘要比较 108–109
affect vs. effect affect（影响）与effect（影响） 182–183
affordances 可供性 63–64, 68
American Psychological Association (APA) reference system 美国心理学会（APA）参考文献系统 212, 217–219
analysis vs. interpretation 分析和阐释 29–31, 117
 and 和（并列连词） 172
analysis 分析 3, 6–7, 10–11, 54, 106, 117, 153
 documents 文档 10–11, 17
 economic 经济分析 90, 106
 vs. interpretation 与阐释 29–31, 54, 117
 as a pattern 作为一种修辞模式 153

271

apostrophes 撇号 169–171
argument 论证 19–55, 59, 76–78, 80, 82, 125, 128–130, 138, 207, 209, 221
 axioms of 公理 19–20, 28–29, 31, 54–55
 claims in, *see* claims 论证中的主张 见主张（claims）
 logic in 逻辑 20, 31–35
 patterns of 模式 20, 37–49, 55, 138, 148, 152, 156
  reason for patterns' effectiveness 论证模式有效的原因 49
  accumulation 累加 129, 164–165, 172, 180–181
  cause-effect 成因–效果 37, 44–45, 49, 52
  comparison and contrast 比较和对照 37, 41–44, 49
   using visuals 使用视觉元素及可视化 60–62, 65–68, 77
  definition 定义 37, 45–46, 49, 144–145
  description 描述 37, 46–49, 97, 102–103
   mechanism description 机制描述 47–48
   Process Description 流程描述 47, 143–146
  Problem-Solution 问题–解决方案 4, 6, 7, 37–41, 77, 80, 84, 92, 134–135, 154, 157
   in design reports 设计报告中的问题–解决方案模式 84–85
 structure of 论证的结构 21–24
Aristotle 亚里士多德 33
articles, handling of 处理冠词 200–202
attentive and pre-attentive processing 注意加工和前注意加工过程 61, 132
audience 读者 9–18, 26, 33–34, 49, 54, 58, 78, 83, 103, 108, 148–149, 189, 195, 201, 204, 221
 approaching abstracts 摘要的读者 119, 121–123
 approaching executive summaries 执行摘要的读者 109–111
 approaching introductions 引言的读者 87–89
 approaching paragraphs 段落的读者 152
 conceptualizing, classifying, and imaging 概念化、归类和想象 12–15
 creating understanding, context, and receptivity 为读者创造理解、语境和接受程度 13, 16–17
 effect on purpose 读者对写作目的的影响 9
 focusing the action of 聚焦读者的行动 18
 foundational questions of 读者的核心问题 15–17
 readers for particular documents 特定文档类型的读者 10–11
 responding to *logos*, *ethos*, and *pathos* 读者对 *logos*, *ethos*, *pathos* 的回应 33–35
 responding to visuals 读者对视觉元素的反应 58–59

索 引

B

Bardeen, J. 约翰·巴丁 206
because 因为 176
bid evaluation 投标评估 3, 6, 10, 43
Blockley, D. 大卫·布洛克利 217–218
Brattain, W. 沃尔特·布拉顿 206
Bruntland Commission, United Nations 联合国布伦特兰委员会 46

C

calculations (genre) 计算（文体） 10, 13
charts (and graphs) 图表（和图形） 20, 58, 64, 68–74, 146
    cautions about 图表的注意事项 69–73
    compared to tables or diagrams 图表与表格、示意图对比 64
    flow diagrams (flowchart) 流程图 74–76
    Gantt 甘特 73–74
    pie charts 饼状图 71–72
claims 主张 20–31, 41, 45, 50–54, 59, 67, 86, 91, 108, 119, 125, 129–131, 138, 217
    analytical vs. interpretive claims 分析性和阐释性主张 29–31, 117
    Belief statements 信念陈述（主张） 29
    claim-first vs. concluding claim 主张先行和总结性主张 25–28, 41
    constraints on 限制 23–24, 40, 42, 44, 53
    counterclaim, handling of 处理反面主张 24, 28, 40, 42, 53
    grounding 为主张找到依据 21–22, 24, 30, 42, 44, 50–51, 53, 206
        in concept or data 为主张找到概念或数据依据 21–22, 30
    justification and evidence for 为主张找到理由和证据 21, 23–24, 42, 45, 52, 54, 98
    in paragraphs 段落中的主张 152–156, 163–164
    in patents 专利中的主张 138–140
    in summarizing 总结概述中的主张 209–210
code comments 代码注释 3, 6, 10, 136, 146–147
codes and standards 规范和标准 8, 206
colons 冒号 169
commas 逗号 167
conjunctions, *see* transitions 连词 见过渡
constraints (in design requirements) 约束（在设计要求中） 4–5, 16, 98–99, 101–102
control, writing to 用于控制的写作 3, 8–9, 11, 17
could, should, would 能（could）、应当（should）、将要（would） 184

Crawley E., and D. Mindell 克劳利·E和明德尔·D 210
criteria (in design requirements) 标准（在设计要求中）4–5, 96, 98–99, 101, 104

D

design reports 设计报告 3–6, 10, 22–23, 38, 41, 83–115, 123–125, 130, 136, 140, 149, 221
  components of 设计报告的组成部分 84
    title 设计报告的标题 85–86
    executive summary 设计报告的执行摘要 108–111
    introduction 设计报告的引言 87–92
    problem definition 设计报告的问题定义 40, 92–97
      Defining scope 设计报告问题定义中的界定范围 96–97
      Service environment 设计报告问题定义中的服务环境 97
      Stakeholders 设计报告问题定义中的利益相关者 94–96
      Using reference designs 设计报告问题定义中的参考设计 97
    Requirements 设计报告的需求 5, 97–102
      Components of 设计报告需求的组成元素 98–99
      How to write 设计报告需求应如何撰写 100–102
    Design description 设计报告的设计描述 85, 102–103
      Alternative design consideration 设计报告设计描述中的替代设计 102–103
      System overview and component-level description 设计报告设计描述中的系统概述和组件级别的描述 102
    Design evaluation 设计报告中的设计评估 85, 103–106, 123
      Evaluation against requirements 设计报告设计评估中的基于需求的评估 104
      Evaluation by testing 设计报告设计评估中的使用测试的评估 104–105
      Economic analysis 设计报告设计评估中的经济分析 106
    Recommendations and conclusions 设计报告中的建议和结论 107
    End matters 收尾事项 86
  logical structure 设计报告的逻辑结构 84–85
  stages to develop 设计报告的撰写阶段 85–111
  compared to lab reports 设计报告与实验报告比较 123–124
diagrams 示意图 58, 63–64, 76–79
  drawings 图纸 56–58
    concept drawings to make an argument 用概念示意图进行论证 77–78, 149
    circuits 电路示意图 78–79
  modeling 建模 22, 52, 54, 58, 76, 80–81
  photographs 照片 58, 64, 81

  challenges for 照片的挑战 80
  to document reality 使用照片记录现实 81
discussion 讨论
  in executive summaries 执行摘要中的讨论 109–110
  in lab reports 实验报告中的讨论 115, 117–119, 121–124
drafting, for an audience 给读者的初稿 15, 18, 221–222
dustpans 簸箕 138–143
  patent for 簸箕专利 138–140
  Quirky–OXO dispute about Quirky–OXO关于簸箕的争论 140–143

E

economic feasibility analysis (example) 经济可行性分析（样例） 90–91
email 邮件 2–3, 12, 84, 91–92
emotion, see pathos 情感 见情感诉求（*pathos*）
environmental assessments 环境评估 3, 10, 73–75, 125
equations, writing with 在写作中使用方程 203–204
ethos 权威诉求（*ethos*） 31–34, 54
executive summary 执行摘要 85–86, 108–112
  Problem of combining with introduction 将执行摘要和引言组合引发的问题 111

F

feasibility studies 可行性研究 3, 6, 8, 10, 28, 84, 90–91, 125
Few, S. 斯蒂芬·菲尤 62, 71
flow, in writing 写作中的流畅性 152, 158, 171–202
  using transition 使用过渡增强流畅性 171–180
  using known to new 使用"从已知到新知"增强流畅性 187–191
  using strong sentences 使用强有力的句子 192–202
flow diagrams 流程图 74–76

G

Gantt chart 甘特图 73–74
genres 文体 10, 83, 125, 135–136, 149–150, 221
  see also specific genres 亦可参见特定文体
Gestalt psychology 格式塔心理学 62

GoodSteel GoodSteel（公司名）49–51
government spending on higher education 政府高等教育支出 60–61, 64–65
graphics, *see* visuals 图 见视觉元素
graphs (*see* charts and graphs) 图形（见图表和图形）

H

handbooks (technical)（技术）手册 206, 216
headings 标题 112–113, 132, 171, 222
hypothesis 假设 115, 123–124

I

IEEE, Institute of Electrical and Electronics Engineers
 Style Manual 美国电气和电子工程师协会（IEEE）风格指南 168
 Reference system 美国电气和电子工程师协会（IEEE）参考文献系统 207, 213–216
influencer 影响者 227
infographics 信息图表 59, 76
introductions 引言 4, 123
 four functions of 引言的四种功能 87–92
 as distinct from executive summary 引言与执行摘要有所区分 111
 in a lab report 实验报告中的引言 115, 118, 119
 in instructions 技术说明中的引言 148
issue vs. problem 议题与问题 227
its vs. it's 它的（its）与它是（it's）169–170
it is 它是（it is）194–196

K

Kelley, A. dustpan patent 艾迪生·F. 凯利的簸箕专利 138–140
known-to-new 从已知到新知 152, 171, 187–191, 195, 199, 222
Kolln, M. 玛莎·科林 228

L

lab reports 实验报告 3, 6, 10, 13, 83, 104, 108, 114–125
 abstracts in 实验报告的摘要 119–123

vs. design reports 实验报告与设计报告比较 123–125
　　discussion in 实验报告的讨论 117–118
　　introductions and purpose of 实验报告的引言和目的 115
　　methods and results of 实验报告的方法和结果 115–116
　　verb tense in 实验报告的动词时态 116
linking sentences 过渡句 159
lists, bulleted and numbered 项目符号列表和编号列表 115, 162–166
　　choosing numbers or bullets 选择项目符号列表或编号列表 164–165
　　parallelism in 项目符号列表和编号列表的平行 165–166
　　punctuating 项目符号列表和编号列表的标点 167–171
　　reference 参考文献列表 214–216, 218–219
　　between subject and verb 主语和谓语之间的填充词列表 196–197
literally (misuse of) 字面意思（的误用）184
literature reviews 文献综述 3, 6–7, 84, 93, 97, 114, 125–131
　　"go look" approach to 参见某研究（go look）的文献综述方法 127–128
　　integrated argument approach to 文献综述的整合论证法 128–130
　　summarize and synthesize approach to 文献综述的总结综合法 126–128
　　and reference designs 文献综述和参考设计 130–131
logic 逻辑 4, 7, 20, 31–39, 41, 44, 49, 115, 129, 152–153, 165
　　appeal to authority 诉诸权威以支持逻辑 207, 211, 220
　　of design reports 设计报告的逻辑 4, 84–85
　　of lab reports 实验报告的逻辑 115
　　of subject–verb–object organization 主语–谓语–宾语的逻辑组织 192–197
logos 逻辑诉求（*logos*）31–33, 35
loose vs. lose 松的（loose）与输（lose）184

M

mathematics, writing about 在写作中使用数学符号 203–204
metrics 指标 4–6, 93, 98–99, 101
Modern Language Association (MLA) 美国现代语言协会 228
modifiers 修饰语 185–186, 193, 196–198
　　which vs. that 作为修饰语的哪（which）与那（that）185–187
　　between subject and verb 主语和谓语之间的填充词 196–197
Monty Python 巨蟒剧团 19
mop wringer RFP 拖把拧干器的招标书 88–89, 94–95, 105, 130–131
　　poster for 拖把拧干器招标书的海报 133–135

Müller–Lyer illusion 缪勒–莱尔错觉 115, 118, 228

N

NASA 美国宇航局 210–211
Nature《自然》(杂志名) 121
Nisbet, M. and C. Mooney 马修·尼斯贝特和克里斯·穆尼 34
numbering, *see* lists, bulleted and numbered 编号列表 见项目符号列表和编号列表

O

objectives, in requirements 需求中的目标 4–5, 98–102, 104–105
Oxford comma 牛津逗号 167
OXO OXO(公司名) 141–142

P

paragraphs 段落 151–167, 204, 222
    single focus in 段落的聚焦 152, 156–159
    arrangement of 段落的排列 152, 160–166
    set-up for 段落的引子 152–156
    bulleted and numbered 项目符号和编号段落 162–166
parallelism 平行结构 165–166
Partstamp Partstamp(公司名) 50–53
patent searches 专利检索 3, 93, 136–140
pathos 情感诉求(*pathos*) 32, 35, 39
    learning to control emotion 学习管理情感 35–37
patterns, *see* Argument, patterns of 模式 见论证的模式
possessives, using apostrophes 使用撇号表示所有格 169–171
posters 海报 114, 131–135
problem definition, *see* design report 问题定义 见设计报告
problem–solution 问题–解决方案 4, 7, 37–41, 49, 77, 80, 84, 134, 154–155
    in design reports 设计报告中的问题–解决方案 92–97
procedure 流程
    in instructions 技术说明中的流程 148
    in lab reports 实验报告中的流程 116
project memo 项目备忘 66, 209

proposals 提案 3, 7, 11, 83, 85, 125, 137
prove, proof, and significant 证明（动词）、证明（名词）与显著 184
punctuation 标点符号 167–171
    in an equation 方程中的标点符号 204
purpose 目的 1, 3–18, 47, 57–59, 104, 106, 108–109, 111–112, 148, 209, 221
    to analyze 分析（写作目的）3, 6–7, 10
    to control 控制（写作目的）3, 8–9, 11
    of design report components 设计报告的目的 84–92
    in email 邮件的目的 91–92
    in executive summaries and abstracts 执行摘要和摘要中的目的 108–109, 119–122
    in introduction 引言的目的 87–92, 115
    influencing audience 影响目的的读者 9–17
    in lab reports vs. design reports 实验报告与设计报告的目的 122–124
    in poster design 海报设计中的目的 132
    to recommend 建议（写作目的）3, 7–8, 11

Q

questions as reports 用于提出问题的报告 91–92
Quirky Quirky（公司名）141–143

R

reader, see audience 读者 见读者
recommendation reports 建议报告 11, 85
recommendation 建议 3, 7–8, 11, 17, 84–86, 106–112, 119–120, 123, 162–163
    vs. conclusions 建议与结论对比 125
reference designs 参考设计 6, 84, 93, 97, 123, 130, 137, 150
references, see sources, APA, or IEEE 参考文献 见文献资源，APA或IEEE参考文献系统
requests for proposal (RFP) 招标书 7, 11, 85, 88–89, 94, 98–99, 101, 130, 134
requirements (engineering design)（工程设计的）需求 4–7, 11, 23, 38, 40, 76, 84–86, 93, 97–101, 103–104, 118, 123, 130
    evaluating against 基于需求的评估 104
    how to write 如何撰写需求 100–102
review articles 综述文章 10, 125
revising 文章修改 221

Rymer, J. 琼·赖默 221

S

scope 范围
 of work 工作范围 11
 defining 界定范围 93, 96–97
semicolons 分号 168–169, 178
sentences 句子 151, 159, 187, 222
 aligning subjects of 对齐句子的主语 157–159
 strategies to strengthen 强化句子的策略 192–202
 subject–verb-object in 句子的主语-谓语-宾语结构 192–196
shall vs. will 应当（shall）与将要（will） 184–185
Shannon, C. 克劳德·香农 206, 208–209
Shockley, W. 威廉·肖克利 206
skytrain vs. streetcar 空中列车与有轨电车 27–28, 34
source, referencing 引用文献资源 第八章
 citing 引注 207–208, 211, 213–214, 217–218
 summarizing and compressing 总结和精练资源 209–211
specifications 规格说明书（规范） 3, 8, 11, 23, 84, 97, 185, 211
stakeholders 利益相关者 85–86, 93–96
style 第七章
subject–verb–objective logic 主语-谓语-宾语逻辑 192–196
subordinating and dependency in clauses 从句中的从属关系 174–175
Summarizing
 of sources 总结文献资源 209–211
 and synthesizing in literature reviews 文献综述中的总结综合法 126–127

T

Tables 表格 58, 63–68, 73, 77, 82, 219
 categorical and quantitative values 表格中的定量值和分类值 65
technical instructions 技术说明 11, 47, 136, 148–149
that vs. which 那（that）与哪（which） 185–187
the, (article) 这个（定冠词） 200–202
their, there, and they're 他们的（their）、那里（there）和他们是（they're） 181–182
then vs. than 然后（then）与比（than） 182

there is 这里有（there is）194–196
title, topic and focus 标题，主题和焦点 85–87
Toulmin, S. 斯蒂芬·图尔敏 227
transitions 过渡 171–181, 204
    conjunctive adverbs 连接副词 168–169, 172, 176–179, 181
    coordinating conjunctions 并列连词 172–174, 178, 180
    correlatives 关联词 172, 179–181
    subordinating conjunctions 从属连词 168–169, 172, 174–176, 181
trust, see ethos 信任 见权威诉求（ethos）
Tufte, E. 爱德华·塔夫特 56
types of appeal 诉求的类型 31–35

U

U.S. Patent and Trademark Office 美国专利商标局 137
U.S. Census 美国（机动车事故）普查 69
usability studies 可用性研究 3, 10
usage errors, top ten 十大用法错误 181–187
use case scenarios 用例场景 6, 96, 136, 143–146

V

Verbs 动词 177, 192–200
    elevating 提升动词 199–200
    in instructions 说明中的动词 149
    in subject–verb–object sequence 主语-谓语-宾语序列中的动词 192–196
    strength of 动词的力度 198
    tense in lab reports 实验报告中的动词时态 116
visual perception, power of 视觉感知的力量 59–63
visuals, (see also specific types of visual) 视觉元素（亦可参见特定类型的视觉元素）48, 第三章, 112, 222
    adding, value, creating perspective, and selecting detail 增加价值，创造视角，选取细节 56
    affordances of types 可供性的类型 63–64
    captions for 视觉元素的标题 59, 82, 219
    citation of 引用视觉元素 219
    connecting to text 将视觉元素与文本关联 58–59, 82

heuristics for making 制作视觉元素的启发式方法 82
infographics 信息图表 59
in instruction 说明中的视觉辅助 149
labels 标注 56, 63, 82
in patents 专利中的视觉元素 139
in posters 海报中的视觉元素 131-134

W

which vs. that 哪（which）与那（that）185-187
Williams, J. 约瑟夫·威廉姆斯 228
World Health Organization 世界卫生组织 21
Writing process 写作的流程 221-222
Writing to file 归档写作 148

X

XKCD XKCD（网站名）225

Y

Your vs. You're Your（你的）与You're（你是）181
Yousefi, M. and K. Kschischang 曼苏尔·尤塞菲和弗兰克·克希施昌 225

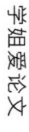

"进阶书系" —— 授人以渔

在这个信息爆炸的时代,大学生在学习知识的同时,更应了解并练习知识的生产方法,要从知识的消费者成长为知识的生产者,以及使用者。而成为知识的生产者和创造性使用者,至少需要掌握三个方面的能力。

思考的能力: 逻辑思考力,理解知识的内在机理;批判思考力,对已有的知识提出疑问。
研究的能力: 对已有的知识、信息进行整理、分析,进而发现新的知识。
写作的能力: 将发现的新知识清晰、准确地陈述出来,向社会传播。

但目前高等教育中较少涉及这三种能力的传授和训练。知识灌输乘着惯性从中学来到了大学。

有鉴于此,"进阶书系"围绕学习、思考、研究、写作等方面,不断推出解决大学生学习痛点、提高方法论水平的教育产品。读者可以通过图书、电子书、在线音视频课等方式,学习到更多的知识。

同时,我们还将持续与国外出版机构、大学、科研院所密切联系,将"进阶书系"中教材的后续版本、电子课件、复习资料、课堂答疑等及时与使用教材的大学教师同步,以供授课参考。通过添加我们的官方微信"学姐领学"(微信号:unione_study)或者电话15313031008,留下您的联系方式和电子邮箱,便可以免费获得您使用的相关教材的国外最新资料。

我们将努力为以学术为志业者铺就一步一步登上塔顶的阶梯,帮助在学界之外努力向上的年轻人打牢解决实际问题的能力,成为行业翘楚。

品牌总监	刘 洋
特约编辑	刘倩影 何梦姣
营销编辑	王艺娜
封面设计	马 帅
内文制作	胡凤翼